品質・安全問題と信頼

信頼を得るとき，信頼を失うとき

伊藤　誠
［著］

日科技連

まえがき

　日本における品質管理，品質保証の方法論は高度に発達し，品質マネジメントに関する知見の体系化も進んでいる．しかし，品質問題，安全問題はいまだにさまざまな分野で発生している．このことに関して，品質管理学，安全工学などの学問分野を見ていると，もどかしさを感じずにはいられない．なぜかといえば，品質問題・安全問題に対する解決の方法論自体はかなりのレベルまで到達しているにもかかわらず，それらが無力であるかのように見えるからである．

　東日本大震災のような極めてまれな事態を念頭に入れた場合，「品質管理・安全管理をどのように行っていけばよいか」ということについては，研究すべき課題はまだまだある．その一方，多くの分野の日常的な問題・課題に対する対処なら，これまでに蓄積した方法論，知識，スキルなどを適切に駆使しさえすればうまくいくはずと思われる事例は少なくない．例えば，「FMEAをきちんと行って問題を事前に潰しておけば何も問題はなかった」というような事例である．

　こうした行き詰まり感を打破するためには何が必要であろうか．

　いろいろなアプローチがあると思われるが，そのなかで一つ重要だと筆者が考えることは，異分野交流である．

　筆者の本来の専門は，ヒューマンファクター学(あるいは，学問としてのヒューマンファクターズ(Human Factors))ともいうべきものであって，品質管理そのものではない．しかし，ヒューマンファクター学におけるこれまでの知見の多くは，品質管理学，品質保証体系の方法論のなかに組み込んでいけるものが多いように感じている．実際，これまでにも，品質管理分野において心理学的知見，ヒューマンファクター学的知見を取り込むことはいくつかなされてきた．例えば，鈴木(2013)

は，その一連の研究においてエラープルーフ化の原理に人間の情報処理プロセスを組み込んでいる．また，中條（2010）は，根本原因分析において，リーズン（1999）の組織事故のモデルを導入している．しかし，ヒューマンファクターに関する知見は幅広い．上記に挙げた以外にも，役に立つ知見は多いのではないかと考えている．

筆者は，ヒューマンファクターに関する領域のなかでも，どちらかというとヒューマンマシンシステム（人と機械とが協働して目的を達成するシステム）の安全性，信頼性を主に取り扱っており，そのなかで人間の認知のメカニズムを踏まえてシステム設計と評価を行うことを主たる研究活動としている．特に，具体的な研究テーマとして，「人と機械の間の信頼」に興味を持ち続けてきた．人と機械の信頼に関する研究は世界中で進められており，これらの成果を集めていけば，それなりにまとまった知見となる．そのなかには，品質技術者の方々にとっても有益だと思われるものが少なくないため，いずれまとまった文章を書きたいと思っていた．そうしたなかで，たまたま今回書籍の執筆に関する依頼を受けたので，本書に取り組む決意をした次第である．

本書では，「信頼」をテーマとして取り上げている．「信頼」については，学問的にさまざまな分野で古くから研究されてきた．実務の世界でも社会的な信頼を確保することが重要なことに異論はないであろう．

しかし，どのようにすれば信頼を確保できるのかということについては，明確な方法論が確立しているわけではないのが実態である．現実には，さまざまな試行錯誤を繰り返しているのではないだろうか．

このような状況認識のもと，本書で信頼を確保するための考察を改めて行ってみたいと考えた．信頼研究に関してこれまでに得られている知見から，品質技術者に役に立つ部分をピックアップして紹介し，「信頼を損ねるメカニズム」「信頼を得る方法」を提示する．

なお，本書は，ある限られた前提条件のなかで取り組まれてきた研究

成果を，一般化して別の分野への適用を提示しているため，やや勇み足の部分があるかもしれない．しかし，筆者は断片的ではあっても最新の知見を紹介しつつ，どこまでできるかを探ってみたいと考えている．その成否は，読者の皆様の判断に委ねたいと思う．

　筆者のような，根無し草のようにあっちへふらふら，こっちへふらふらしている人間が，世界をリードしてきた日本の品質管理学に物申すのは僭越至極である．しかし，品質管理学に深くコミットしてきた諸先輩方と縁があっていろいろな形で交流して，非常に多くのことを学ばせてもらった．その御恩に対して少しでも恩返しができたらと考えている．

　本書は，筆者の恩師であり信頼性・安全性・ヒューマンファクター研究のイロハからご指導を賜った稲垣敏之先生，信頼研究に導いてくださった Neville Moray 先生なくしてはありえなかった．言葉では言い尽くせないが，改めて感謝の言葉を申し上げたい．また，品質管理の世界に筆者を誘ってくださった田中健次先生，品質管理分野でヒューマンファクターに関する研究を先導的に行っておられる鈴木和幸先生，中條武志先生からさまざまなご示唆を賜り，本書のアイデアを得ることができた．他にも，日頃研究交流をさせていただいている先生方からいただいた知的刺激が，本書執筆の原動力となっている．さらには，研究活動を支えていただいている椚順子さんなくしては，筆者の仕事は進まない．お世話になったすべての先生方に，改めてお礼を申し上げたい．

2016 年 4 月

伊藤　誠

目　　次

まえがき……………………………………………………………………… iii

第 1 章　なぜ信頼が問題となるのか……………………………………… 1
 1.1　品質問題・安全問題が信頼を損ねる　1
 1.2　信頼の喪失とコストの関係性　4
 1.3　信頼のデメリット─過信がもたらす社会的手抜き─　10
 1.4　「適切な信頼」を得る方法　13

第 2 章　信頼とは何か………………………………………………………… 15
 2.1　「信頼性」と「信頼」は大違い　15
 2.2　「信じること」と「信頼すること」との関係─神は「信頼」するものか？─　17
　2.2.1　不信感があるからこそ，「信じること」ができる　17
　2.2.2　日本と欧米における「信頼」の意味の差異　22
　2.2.3　「信頼」の二側面（やりとりの結果／やりとりの原因）　23
 2.3　信頼のメリット─不確実さの低減─　25
 2.4　対人関係における信頼　30
　2.4.1　信頼の対象：「人への信頼」と「システムへの信頼」　30
　2.4.2　基本的信頼　32
　2.4.3　対人的信頼─能力に対する信頼と意図に対する信頼─　33
　2.4.4　日本的な「ムラ社会」における「意図に対する信頼」　38
 2.5　組織の社会的信頼と主要価値類似性（SVS）モデル　39
　2.5.1　組織に対する信頼　39
　2.5.2　組織に対する信頼とリスクコミュニケーション　41
　2.5.3　組織に対する信頼と主要価値類似性（SVS）モデル　42
 2.6　人と機械の関係における信頼　47
　2.6.1　機械に対する人の信頼とその研究動向　48

viii　目　次

- 2.6.2　密接な関係にある二者間の信頼を分析する　*49*
- 2.6.3　機械に対する信頼のモデル　*53*
- 2.6.4　信頼の予測・確信・盲信の次元についての具体例　*57*
- 2.6.5　予測・確信・盲信の次元にもとづく信頼モデルの限界　*59*
- 2.6.6　意図・目的に関する信頼を考慮に入れた信頼モデル　*61*

2.7　機械の特定の作動に対する信頼を構成する要素　*66*

2.8　本章のまとめ　*70*

第3章　信頼の醸成 ……………………………………………………… *71*

3.1　予測，確信，盲信　*71*

- 3.1.1　Muir と Moray の実験　*71*
- 3.1.2　相手を信頼できるかどうか判断するためには，まず信頼してみる以外に手はない　*75*
- 3.1.3　機械に対する期待（盲信）が過度に膨らむと問題が起きる　*81*

3.2　信頼を下げる要素　*83*

- 3.2.1　総合的な信頼感の時間変化とその要因　*83*
- 3.2.2　機械が正しくても，機械に対する信頼が下がる場合　*89*
- 3.2.3　信頼をもたらす要因　*91*

3.3　本章のまとめ　*93*

第4章　信頼を失うとき ………………………………………………… *95*

4.1　過信と不信　*95*

- 4.1.1　過信の形態1：盲信が機械の能力限界を超えている　*95*
- 4.1.2　過信の形態2：信頼度のキャリブレーションが過剰　*99*
- 4.1.3　能力・方法・目的の次元で過信を分類しなおす　*101*
- 4.1.4　過信の形態3：「目的の次元」に関する過信　*102*
- 4.1.5　完全な信頼と過信　*105*
- 4.1.6　不信の二形態：「方法の次元」における不信　*107*
- 4.1.7　不信の形態3：「能力の次元」における不信　*111*
- 4.1.8　不信の形態4：「目的の次元」における不信　*117*

4.2 高信頼性は高信頼を保証しない　*119*
4.3 過信と不信の不思議な関係　*121*
4.4 信頼と誠実さとの関係　*125*
4.4.1 誠実さが重要となる理由　*125*
4.4.2 誠実さを伝えることがさらに重要となる理由　*126*
4.4.3 情報セキュリティと誠実さ　*126*
4.5 不信感が増幅するメカニズム　*128*

第5章　信頼を得るための方法　………………………… *133*
5.1 できないことは「できない」とはっきり伝える　*133*
5.1.1 信頼を得るためには，信頼させない必要がある　*133*
5.1.2 衝突被害軽減ブレーキの事例　*134*
5.1.3 ACCの減速度メーターの事例　*137*
5.1.4 日常生活における応用　*139*
5.2 自身とかかわらせるために必要最低限の信頼を得る　*140*
5.2.1 信頼と使用は鶏と卵　*140*
5.2.2 運転支援システムの事例　*142*
5.2.3 日常生活における応用　*143*
5.3 本当の誠意を，理解してもらえるように周囲に示し続ける　*144*
5.3.1 本当の誠意をもつことの重要性　*144*
5.3.2 コメット機連続墜落事故に見る誠意の示し方　*144*
5.3.3 日常生活における応用　*146*
5.4 相手の価値観を共有しようと努力する　*146*
5.4.1 他者に「寄り添う」ことで「主要価値」を共有する　*146*
5.4.2 主要価値を共有する意味　*147*
5.4.3 マーケットインを誤ることの弊害としての画一化　*148*
5.4.4 画一化できない特殊なニーズを結びつける可能性　*149*
5.4.5 日常生活における応用　*150*
5.5 自身の魅力を感じてもらう　*151*
5.5.1 魅力をもたせる　*151*

5.5.2　魅力と直観的操作　*152*

　　　5.5.3　日常生活における応用　*154*

　5.6　相手の特徴を模倣してみる　*154*

　　　5.6.1　個人への適合　*154*

　　　5.6.2　自動車のブレーキ操作支援での事例　*156*

　　　5.6.3　日常生活における応用　*157*

あとがき………………………………………………………………*159*

参 考 文 献……………………………………………………………*161*

索　　　引……………………………………………………………*169*

第1章

なぜ信頼が問題となるのか

1.1 品質問題・安全問題が信頼を損ねる

　組織において重大な品質問題，安全問題が発生すると，社会から見た当該組織への信頼感（Trust）は顕著に損なわれる．例えば，東日本大震災で発生した福島原子力発電所の事故は，大変残念ながらも，結果的には東京電力という組織に対する著しい不信感をもたらした．この不信感を払しょくするのはよほど厳しい対応を積み重ねないことには難しいであろう．

　この不信感は，津波対策にしっかり取り組んできた他の組織にも波及している．例えば，東北電力に目を向けてみよう．

　東北電力は，津波対策に対して大いなる情熱をもって取り組んできた歴史がある．しかし，東北電力も含め，原子力業界に対する不信感は拭い去られていない．津波の被害を免れた女川原発でさえ，2016年現在においても，まだ再稼働には至っていない．国内にある原子力発電プラントの多くがまだ再稼働できていないのは，原子力行政や原子力業界に対する不信感がまさに結晶化したものだと見ることができる．安全に関する審査を原子力規制庁が厳しく行っているのは正しいことではあるが，厳しい審査・規制がないと社会が安心していられないという状態は，原子力業界を社会が信頼できていないことの表れである．

参考までに，東北電力女川原子力発電所の津波対策がどれほどのものであったのかを紹介してみよう．ここでは概略のみ紹介する．より詳細な分析結果については，伊藤(2013)を見てもらいたい．

東北電力女川原子力発電所は，震源地から最も近い原子力発電プラントであり，津波の遡上高は約14mにも上ったが，図1.1に示すように致命的な被害を受けることはなかった．

東北電力で津波対策がどのように行われてきたのかを少し述べてみよう．女川原子力発電1号機は，1970年に設置許可申請が行われた．1970年当時，東北電力では，14m級の津波が来ることを想定し，敷地の高さを確保することで津波対策とする決定を下している．

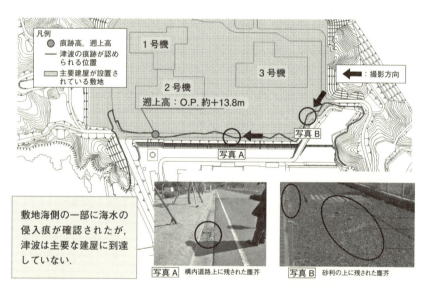

出典）東北電力Webページ：「2011年　CSRレポート」, p.7の写真(http://www.tohoku-epco.co.jp/csrreport/backnumber/csr2011/pdf/now2011_03-32.pdf)および「2011年7月8日のプレスリリース」, p.5のイラスト(http://www.tohoku-epco.co.jp/news/atom/__icsFiles/afieldfile/2011/07/08/11070801_lec.pdf)にもとづいて作成．

図1.1　女川原発に対する津波の影響

東北電力によると，女川原子力発電所の1号機の設置許可申請に当たり，原子力地点海岸施設研究委員会という社内委員会が設置された．本委員会で挙げられた主な議論のなかに，「明治三陸津波や昭和三陸津波よりも震源が南にある地震，例えば貞観や慶長等の地震による津波の波高はもっと大きくなることもあろう」という意見があり，当時の水理公式集(津波高さの経験式)や論文などの調査を行った．その最終的な結論としては，以下のようになった．

- 敷地高さによって，津波対策とする．
- 敷地高さは，基準海面 + 15m 程度でよい．

1970年当時，原子力発電プラントの建設についての安全性に関する議論で，津波を明示的にリスクとして捉え，対策を講じていたのは，東北電力のみであるといっても過言ではない．これは，原子炉設置許可申請書の添付書類を見ると明らかである(伊藤, 2013)．

原子炉の設置許可申請書自体は形式的な書類であるが，その添付書類を見ると，各電力会社がどういう点に注力して安全対策を講じようとしていたかがよくわかる．その内容は，電力会社によって異なるし，同じ電力会社でも，年代を経るに従って徐々に変わっていく．

東北電力の女川原子力発電所の場合，1970年の設置許可申請書の添付書類6の2節「水理」における「2.2.4　津波および高潮」として「津波」を明示的に示し，9頁にわたり評価の結果を記述している．これに比べると，1966年の東京電力福島原子力発電所の原子炉設置許可申請書では，添付書類6の2節「水理」において「2.2.2　潮汐および基準面」「2.2.3　波高」のなかに，潮位や波高についての記述がごくわずかに見られるものの，それらを含めても合計で1頁にも満たない．ちなみに，女川原発の津波対策に関する記述は，2号機，3号機に進むにつれ，その質・量ともに改善されていることも確認できる．

津波に対する対策が優れていたからというだけではないだろうが，女

川原発は，地元の住民には高い信頼を寄せられていたようである．その信頼の高さは，東日本大震災の発生直後，地域的な停電が発生したことを受けて，原発の地域住民が女川原子力発電所のPRセンターに集まってきたことに象徴されている．地域住民にとっては，女川原発が頼りであったのである．実際には，PRセンターも停電していて，避難先としては必ずしも適切ではなかったため，当時の女川原発所長の判断により，避難してきた地域住民を原子力発電所内に誘導し，そこへ避難していたとされる．こうしたやり取りがなされたのは，女川原発と地域住民との信頼関係があってこそであろうと思われる．

女川の周辺地域では女川原発に対する信頼感は高かったが，日本全体を俯瞰すれば，様相は異なる．東北から離れた地域に住む人々にとっては，女川原発が津波対策にどのような取組みをしてきたのかに関心はない．同様にして日本全体で見たときも，女川原発に対する信頼感はそれほど確立されているとはいえない．

1.2 信頼の喪失とコストの関係性

ある物事についての信頼を失うことで，現状さまざまにある社会的コストが増大する．以下，例を挙げてみよう．

2000年代後半，トヨタ自動車の製品で，踏み込んだアクセルペダルが戻らず，ブレーキが効かなくなって死亡事故が起こったことがある．この問題は一連の大きな社会問題へと発展していくが，この問題で特に重要なことは，アンチロックブレーキシステム(ABS)に関係するブレーキシステムのリコールである．

リコールとは，ある製品が必要な保安基準を満たしていない場合に本来行われるものであるが，このとき行われたリコールは，保安基準を満たさないことに起因するものではなく，ブレーキの効きがユーザーの期

待に比べて悪いことに起因する不安感を根拠としたものであった．高田広章氏(名古屋大学教授)による「プリウスがリコールの定義を変えた」という発言もある(トヨタリコール問題取材班，2010)．確かに，ブレーキの効きが一瞬悪くなる場面は想定されたが(**図1.2**)，「ユーザーのフィーリングの問題」にすることもできた．

こうした不安感を理由にしたリコールは，本事例が初めてであった．不安感，別の言い方をすればブレーキシステムに対する不信感が，本事例のリコールを引き起こしたといっても過言ではない．不信感がリコールに伴うさまざまなコストを発生させたのである．

ある物事についての信頼が失われて社会的コストが増大する別の例として，風評被害の問題を挙げることができる．

1999年に東海村臨界事故が起きた後，事故発生前に出荷され，市場

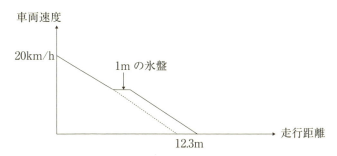

上の図では，時速20kmから緩やかに一定減速度で減速し，停止に至る場面を考えている．何も異常がなければ，12.3mで停止する．

途中，1mの氷盤の上を通るものとしよう．このとき，ABSによってブレーキの機構が切り替わり，ほんの一瞬ではあるが，ブレーキが効かない(速度が低下しない)印象をドライバーに与える．実際には，ドライバーがさらにぐっとブレーキを踏めば，十分安全に停止できる．

出典) トヨタリコール問題取材班編(2010)：「第6章　視点：識者10人はリコール問題をこう見る」，『不具合連鎖―「プリウス」リコールからの警鐘―』，p.38，図1，日経BP社，をもとに作成．

図1.2　ABSの効きが一瞬悪くなるケース

に送られた野菜が，事故後「茨城県産」というだけで売れなくなった．

図1.3は，臨界事故後の，茨城県産さつまいもの単価の予測値と実際値との差の推移である．風評被害の影響を定量的に示すことは難しいことが多いが，図1.3の事例のように，影響の度合いを示せたデータも存在する．こうした事例を見るにつけ，筆者は苦しい思いを感じる．

風評被害という言葉は，この東海村臨界事故で一躍脚光を浴びたが，その後もさまざまな事故・災害に伴い，風評被害と呼ばれる現象が起きている．東日本大震災でも，風評被害の問題が指摘されたことは記憶に新しい．風評被害は，「信頼を失うきっかけが，販売者側に起因するものではない」という点が悲劇的である．

不信感が社会に広がるコストは，信頼を失った組織が支払うものだけではなく，信頼しなくなった側も支払わなければならなくなる．例えば，社会が原子力分野に対する信頼をなくしたことで，一番困るのは

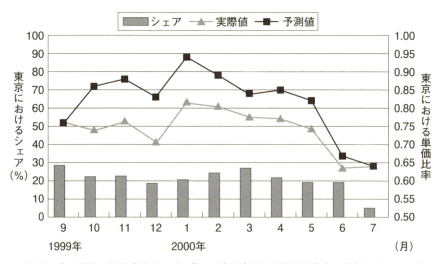

出典） 菊地孝文，熊谷良雄(2011)：「JCO臨界事故が農作物出荷先の単価に及ぼした影響に関する研究」，『地域安全学会梗概集』，Vol.11, pp.11-14.

図1.3 東海村臨界事故後の茨城県産さつまいもの販売データ

我々の社会そのものである．

このとき，以下のような流れが存在する．

原子力業界を信頼できない

↓

以前のままのあり方では原子力の安全を確信できない

↓

安全審査を厳しく行わないと，安心できない

　実際，現在では，原子力規制委員会が厳しい姿勢で，時間とコストと労力をかけて，緻密に安全性を確認する作業（新規制基準への適合性の審査）を行っている．2016年3月の段階で，新規制基準への適合性が承認されているのは，川内原子力発電所1，2号機，高浜原子力発電所3号機に限られている[1]．

　原子力規制委員会の活動に関わるコストたるや，極めて甚大である．例えば，2014年の「原子力に対する確かな規制を通じて，人と環境を守ること」についての予算は一般会計で500億円を超えている．この内訳は，新規制基準への適合性に関するものばかりではないが，いずれにしても，原子力を規制するためにそれだけのコストを社会が支払っていることは事実である．

　多くの原子力発電所が停止している現状，代替の電力源として，石油，石炭，天然ガスなどの化石燃料を大量に利用している．経済産業省の試算によると，原子力発電所の多くが稼働を停止している状況における化石燃料等の利用による燃料費の増加分は，年概ね3兆円前後から4兆円弱に至るとされる（経済産業省，2015）．例えば，2014年度は3.7兆

---

[1] 高浜原発3，4号機については，2016年3月9日大津地方裁判所において運転禁止を求める仮処分命令申立てが認められ，2016年4月現在稼働していない．

円であったという．これは，燃料費増加分だけで，国民一人につき約3万円を毎年支出していることに相当する．ごく単純に計算する（GDP／日本国民数）と，日本における国民一人当たりのGDPはざっと400万円である．教育にかけている経費は，小学校から高等教育まで含めて対GDP費5％であることから，国民一人当たり20万円を毎年教育に当てていると見てよい．このような環境のなかで，燃料費のかさ上げ分で3万円もの追加支出をしなければならないとすれば，この3万円は非常に大きいといえる．

　これらのコストは，社会が原子力を信頼しないがゆえに支払わなければならないものであり，社会はその分だけ損をしているという言い方もできる．すなわち，「信頼できるかどうかわからないから慎重に対応する」という場合，信頼できるかどうかを見極めるための作業が，全体のコストを引き上げる作用をもたらす．相手が信頼できるならば，信頼できるかどうかを慎重に見極める必要がないため，信頼することに伴うコストは小さい．

　これと同じ話は，人間関係における信頼のあり方についても成立する．「あいつはダメなやつだ」とか，「あいつは腹黒いやつで信用ならん」というような烙印を一度でも押されると，もはや相手にしてもらえなくなる．これがすなわち信頼を失った状態（不信）である．このような場合，「縁を切るべきだ」という判断につながるのであれば，話は単純である．しかし，これが例えば相手が自分の部下であるような場合，縁を完全には切るわけにはいかず，「ときに頼りにできることもあればできないこともある」という状況が続くため，その都度，状況をよく見極める必要が出てきて，その対応に追われ疲れてしまう．筆者は，大学の教員という立場で学生を指導しているが，そういう場面に出くわすことは珍しくない．会社でも，上司と呼ばれる人々は，部下に対して信頼できるかできないかの見極めをするのが毎日の仕事という人もいよう．

「信頼できないならその事業を取り止める」のならば話は簡単である．
　よく知られているように，ドイツは，東日本大震災以降，原子力分野から撤退するという意思決定を行った．もちろん，それに伴うコストはかかる．原子力分野から撤退すれば，社会の活動レベルを維持するために，代替の電力源を確保しなければならない．より一般的なケースでも，ある組織が信頼できないために取引を止める場合は，他のあてを探さなければならない．しかし，風評被害の場合，他を探すことに対する心理的障壁が低い(中谷内, 2006)ので，例えば「牛肉が危なそうだ」ということであれば「豚肉にしておこう」ということが容易に起こる．この場合，「牛肉を食べたかったのに」という思いは残るであろうが．
　さらに厄介な場合としては，こちらが信頼したいのに，取引相手が社会的信用を失ったために取引が継続できないという場合がある．
　筆者の経験した話だが，ある装置を納入していた企業の親会社が不祥事を起こしたので，その装置を納入していた企業が1年間受注できないケースがあった．これは，当該企業に直接の落ち度はないが，一種の社会的制裁を受けたケースである．このため，筆者がその装置の改良をお願いしたくてもできないという期間ができてしまった．他社に切り替えることができるようなものならば他社に切り替えればよいのだが，当該企業しかもたない技術をベースにしている場合は悲惨である．こちらが信頼しているのに，社会的に信頼させてもらえないのだから．
　以上見てきたように，信頼が失われることの問題は，「信頼を得ることができなくなってしまった組織が仕事を失う」ことはもちろん，それ以上に，「信頼を確信できなくなってしまった側(顧客)が追加でコスト負担を強いられることになる」という点にある．したがって，組織が人々や社会から信頼を得るということは，(信頼される側の)組織にとってメリットがあるというだけでなく，(信頼する側の)社会としてもメリットがあることだといえる．

1.3　信頼のデメリット―過信がもたらす社会的手抜き―

「信頼できない」という烙印を押されてしまう場合だけが問題なのではなく，その逆もある．すなわち，相手を過度に信頼してしまって（過信），結果として好ましくない事態が発生するケースである．相手が確実に対応してくれる間は，相手に頼り切っていても表面上問題は発生しないが，相手が確実に対応できなくなった場合，相手に頼り切っているとひどい事態になる．

例を一つ上げてみよう．島倉ほか(2003)は，複数人で一つのことを確認する（封筒に記載された郵便番号の確認，住所の確認，および氏名の確認を行う）作業において，複数人で確認することがエラー（ここでは，「記載された情報に誤りがあることを見落す」という意味でのエラー）を低下させるかどうかを調べている．見かけ上は，ある種の「並列システム」になっているわけであるが，「本当に並列システムとして機能するだろうか」という問いを立てているわけである．その結果は，図1.4の

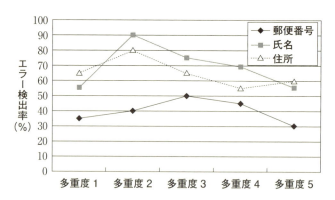

出典）　島倉大輔，田中健次(2003)：「人間による防護の多重化の有効性」，『品質』，Vol.33, No.3, pp.271-280.

図1.4　多重度を増やしてもチームの信頼性はそれほど向上しない

ようになったという．これは何を意味するだろうか．

よく知られているように，並列システム全体の信頼度 R は，システムを構成する要素の信頼度がそれぞれ $R_1, R_2, \cdots, R_n$ であるとすると，次式で表される．

$$R = 1 - \prod_{i=1}^{R}(1-R_i)$$

図 1.4 の住所の例を考えよう．この場合，多重度 1（一人だけのチェック）の場合は，信頼度はざっと 0.65 というところであろう．もし，すべての作業者が 0.65 という信頼度をもっている場合，多重度 n における並列システム全体の信頼度 R^n は，以下のようになる．

$$R^n = 1 - 0.35^n$$

これは，具体的には，多重度 2 で 0.88，多重度 3 で 0.96，多重度 4 で 0.98，多重度 5 で 0.99 という値をとる．これに比べると，実験の結果はこれらとは大きくかけ離れている．このことは，ハードウェアの並列システムで通常前提とされる「**個々のアイテムは独立に故障する**」という仮定が破綻していることを意味している．あるいは，その背後にあって，ハードウェアの世界では当たり前すぎて議論するまでもないような「**個々のアイテムは，直列につなごうと，並列につなごうと，使用条件が同じであれば信頼度が変わることはない**」という仮定が破綻していることを意味している．

以上を厳密に議論をしようとすると，アイテム間の依存性（各実験参加者の見落としエラーの発生事象が確率的な意味で独立でないこと）によるものなのか，あるいは単に各アイテムの信頼度が低下した並列系となっている（構造としては依然としてアイテム間の独立性がある）からなのかを区別しなければならない．両者は微妙に異なる．例えば，前者では，「一人目が見落としたものは二人目も見落としやすい」などといったことが起こっていることを意味する．他方，後者は，「一人目が見落

とすかどうかによらず，二人目の見落としがある確率で発生するが，その確率が一人きりで行う場合よりも高い」ことを意味する．しかし，真実がどちらであるかを知る術は今のところない．

いずれにしても，関わる人数が多い場合(特に，関わってくる人数が四人，五人となったとき)には，一人当たりの見落としエラーが多くなる可能性がある．これは，「前の人がすでに確認してくれているのだから，自分が少し手を抜いても大丈夫だろう」という意識が，明示的にかどうかは別にしても，作業者のなかに現れることの結果だと解釈できる．この現象は，社会的手抜き(social loafing)の一種とも考えられるが，作業の前後を担当する同僚に必要以上に頼りすぎてしまう過信の問題としても位置付けることができる．

ただし，**図 1.4** を見る限り，結果としてのエラー発見率は，多重度 1 よりも 2 のほうがよいし，課題によっては多重度 3 がベストなものもある(郵便番号タスク)．したがって，多重化(並列化)がすべて悪いというわけではない．しかし，多重化の効果は，我々が期待しているほどには大きくないことに注意しなければならない．一般に，人々は，「人を多重に配置すればそれで並列系ができあがった」と思い込んでしまいやすい．「ダブルチェックをしているから大丈夫だ」という思い込みであるが，すこし踏み込んだ言い方をすれば，これは単なる思い込みに過ぎないのである．

かくいう筆者も，この多重化の罠にはまることが少なくない．大学の教員(少なくとも筆者)の仕事はえてしていい加減なものが多いが，入試や卒業など重要な手続きでは，ほんのわずかなミスも許されないから，細心の注意を払って対応しなければならない．現場の作業員としての教員は，ミスが起こらないように，あるいはミスが起こってもそれが波及しないように，いたるところでダブルチェックを行う．しかし，教員同士のダブルチェックは機能しないことが多い．ミスが見過ごされてしま

うケースが多いのである．このため，事務官による再チェックが欠かせない．さすがに事務官は心得たもので，ここでは多重化が実に有効に機能する．事務官のチェックにより何度危機を脱することができたことかわからない．この意味で，筆者は日々厳格なチェックをしてくれている事務官の方々に深い感謝の念を抱いている．ただし，教員側の信頼度が低いので，事務側の信頼度を極めて高くしておかなければならない．そのため，事務官にかかっているプレッシャーや作業のコストは筆者が想像している以上に大きいと考えられる．このことを思うと，大学の事務がしばしば停滞してしまう大きな要因は教員サイドにあるような気がしてきて，心が痛む思いがしている．

1.4 「適切な信頼」を得る方法

　以上を見てきたように，不信であれ，過信であれ，適切な信頼が損なわれると，コストが増大したり，事故やトラブルが発生するなど，信頼する側・信頼される側のそれぞれにとって望ましくない結果になる．このことから，相手からの適切な信頼を確保すること（逆に言えば，相手を適切に信用できるようになること）が重要な課題となる．

　では，どうすれば適切な信頼を確保することができるのか．

　この問いについては，わかっていないことも多い．読者の方々は，実務上の経験則にもとづいて，「こういう場合はこうしよう」というような形で対応することが多かったのではないかと推測される．本書は，上記の問いに対して，経験則ではわからなかったことを示そうという一つのチャレンジである．

　信頼の確保をもう少し体系的に行おうと思ったら，何らかの枠組みが必要である．本書では，筆者がこれまでかかわってきたヒューマンマシン協調における信頼の研究にもとづいて，「信頼」を考察するための枠

組みを提供する．

　第2章では，信頼というつかみどころのない心理学的概念について，その定義や分類について，過去の研究を引用しつつ，全体像を描いてみる．

　第3章では，信頼が醸成するプロセスについて，過去の研究を踏まえつつ，基本的なメカニズムを明らかにする．

　第4章では，逆に，信頼が損なわれるということが，いかなる条件の下で起こりうるのかを検討する．

　第5章では，適切な信頼を確保するための基本的考え方や事例について，紹介してみようと考えている．

　なお，本書は分量的にはそれほど多くはないため，一度に通読されることを望みたい．しかし，「部分的に読みたい」という読者もいることを想定して，どこからでも読んでも大丈夫な構成にしている．

　特に，基礎的概念については，必要に応じて**第2章**に戻ってもらうと理解が深まると思われる．

　また，ヒューマンマシンシステムについて，より深く学びたい読者には，稲垣敏之(2012)を推薦したい．

第2章

信頼とは何か

「信頼の概念規定は多様で混乱しており,信頼研究では「信頼概念が混乱している」というフレーズがほぼすべての論文の枕詞になっているといっても過言ではない」(中谷内,2006).

上記の指摘はいまだに有効であるし,今後長い将来にわたっても混乱は続くものと考えられる.これは,混乱というよりも,むしろ「どの側面を研究対象とするか」という立場の違いによるところも大きいからである.そのため本章では,今後の議論のために本書における信頼の意味を整理する.

2.1 「信頼性」と「信頼」は大違い

本書の読者の多くは,品質管理,信頼性,安全性を専門とする技術者の方であろう.したがって,議論を混乱させないように,信頼性と信頼という言葉についてまずは区別を明確にしておく.

信頼性工学でいう信頼性(Reliability)あるいは信頼度(Reliability)と,本書でいう信頼もしくは信頼感(Trust)は,日本語としてはよく似ているが,まったく別の概念である.

信頼性は客観的に評価可能なものであるが,信頼は主観的な概念である[2].信頼性の概念については,良書が数多くある(例えば,真壁ほ

か，2010；田中，2008)のでそちらに譲るが，その意味は，JIS Z 8115：2000 に「アイテムが与えられた条件の下で，与えられた期間要求機能を遂行できる能力」として定義されている．もちろん，ユーザーが信頼(Trust)できるものであるためには，信頼性(Reliability)が高いことが要求されるのは間違いない．

　ただし，後に議論することとも関連するが，信頼性の定義では，「条件」や「期間」，あるいは「機能」を規定するのが，モノを製造する立場の人間や組織であって，使用者ではないという点に留意が必要である．使用者が想定する「条件」「期間」「機能」は，必ずしも製造者側のそれと一致するとは限らないからである．

　したがって，信頼性が高いものがそのまま使用者に信頼されるとは限らない．では，「信頼されるにはどうしたらよいか」が問題となる．この問いに答えるためには，「信頼とはそもそも何か」が明らかになっていなければならない．

　蛇足ながら一言付け加えておきたい．筆者が専門としているヒューマンファクターの分野では，ハードウェア系の分野出身の研究者・技術者が参入してくることが珍しくない．機械などのモノのデザインに取り組み，それを極めていこうとすると，どうしてもそのモノを使うユーザーのことを明確に考慮しなければならなくなるためである．

　こうした方々が「信頼」を議論するとき，「信頼できるかどうか」ということを意味する一般的な語用として「信頼性」という言葉を使ってしまう場面を散見する．例えば，「ある手法が妥当であるかを検証しよう」というときに「その手法の妥当性を検証しましょう」と表現するの

2）　これは，安全と安心との対応に似ている．ただし，安全は「受け入れられないリスクがないこと」と定義されることが多い．この意味で，安全の定義は「そのリスクが当事者にとって受け入れられるかどうか」という主観から逃れることはできないので，「安全」を完全に客観的な概念として扱うことはできないのではないかと筆者は考えている．

と同じ感覚で,「信頼性」という言葉を使ってしまう．それなりに名の知れた研究者ですらそのような発言をしている場面を目の当たりにすることも少なくない．信頼性工学(Reliability Engineering)の意味での「信頼性」なのか，人が何かを信頼(Trust)するかどうかという意味での「信頼性」なのか区別することは前後の文脈を見れば容易なので，ほとんど実害はない．しかし，用語の用法が混乱していると，議論している者同士で「そこで言っている信頼性とはどちらの意味か？」と混乱してしまい，スムーズな議論ができない場合がある．だからこそ，以下の解説を通じて，できる限り適切な用語を使えるようにしたい．

2.2 「信じること」と「信頼すること」との関係 —神は「信頼」するものか？—

信頼の定義について考えることにしよう．

信頼することとは,「信」(Believe)じて,「頼」(Rely, Use)ることである．以下,「信じること」と「頼ること」とを分けて考えてみよう．

2.2.1 不信感があるからこそ,「信じること」ができる

そもそも,「信じる」とはどういう行為なのだろうか．

ここで「信じる」とは,「ある事柄に対して，それが確かに期待どおり起こると確信していること」と捉えよう．この意味のとおりなら,「信じることは期待する(Expect)ことと等価である」とさえいえる．

何かを信じたり，期待する場合，その対象は何らかの形でイメージされている．思考のなかに何らかのモデル(これは，メンタルモデルと呼ばれる)をもっているともいえる．そのモデルは，確かな事実に裏付けされたものである必要は必ずしもなく,「このモデルは正しい」と思わせる間接的な証拠があれば十分である．

例えば，ある子供がサンタクロースの存在を信じているとしよう．本当にサンタクロースが自分におもちゃを届けてくれたことを見たわけではないとしても，その子がサンタクロースの存在を固く信じていることは珍しいことではない．その子がサンタクロースの存在を信じている理由は，その子の親が「サンタクロースがおもちゃを届けてくれた」と言い聞かせているとか，サンタクロースが来たことを伺わせる間接的な体験をしているということかもしれない．「クリスマスツリーの脇のテーブルに置いたケーキと紅茶がきれいに平らげられていて，プレゼントがそばに置いてあるのを見た」という体験をする子供もいるだろう．そして，このような経験をすれば，サンタクロースの存在を信じることが強化される．実際，小学校入学後もしばらくの間，サンタクロースの存在を信じている子供は今日の日本社会でも決して少なくはない．

　これが子供向けのサンタクロースではなく，対象の正しさが客観的に証明可能な存在ならば，それはもはや「信じる」対象とはならない．例えば，「三平方の定理」は数学的に正しいから，誰かが「私は三平方の定理が正しいことを信じている」という弁明をした場合，極めて奇妙な光景に見えるだろう．なぜなら，三平方の定理は，本質的に「信じる」対象ではなく，知識として「理解する」対象だからである．

　これに対し，信じるかどうかが議論の対象となる存在の場合，必然的に不確実さを伴う．これは，当該の意思決定者が，ある対象の存在を信じている程度とは関係がない．もし，ある対象を「100％正しい」と信じている人でも，そこに何らかの不確実さがあることを無意識のうちに自覚しているといえる．

　例えば，ある神の存在を信じている人がいるとしよう．その人にとっては，その「神」の存在は100％正しいものであるとする．その場合でも，「私はこの神の存在を理解している」という言い方ではなく，「私はこの神の存在を信じている」と表現するのではないか．このような表現

は,「自分にとっては100%正しいことであるが,そうは思わない人もいる」ということを認識しているからだといえる[3]．

ただし,「理解する」べき対象に対しても,「信じる」ことがある．例えば,まだ三平方の定理を習っていない中学生を想像してみよう．この中学生が,上級生から三平方の定理について,いろいろと聞かされたとする．この場合,「自分自身では証明をしたことがないので本当に三平方の定理が正しいのかどうかはよくわからない．でも,周りの人がみんな三平方の定理を正しいと主張しているからきっと正しいのだろう」と考える状態は起こりうる．このような場合,「きっと三平方の定理は正しいであろうと,今の私は信じている(あるいは信じざるを得ない)」という表現が妥当である．

神の存在の例も,三平方の定理の例も,信じている対象に対して,何らかの不信感が「信じる」行為の背後にある．例えば,「自分は絶対に正しいと思っているけれども,周りの人はそのようには思っていないようだ」とか,逆に「周りの人は"絶対に正しい"と言っているが,自分には十分な確信をもてない」などである．このように,「不信感をもてる状態だからこそ,信じることもできる」と考えられる．これは非常に逆説的であるが,信頼感と不信感には密接な関係があることがわかる．

なお,ある事柄が起こることを当然のこととして期待しているにもかかわらず,「信じている」という表現がふさわしくないこともある．これは,その期待が無意識に抱かれている場合である．

---

[3] ただし,木田(2010)によれば,その昔,キリスト教世界では,例えばデカルトの時代でも,神の存在は疑う余地のないものであったとされる．「一般にこのころ行われていた「神の存在証明」というのは,神が存在するかしないかを論証しようというのではなく,神が存在することは決まりきったことなので,それをいかに論理的にうまく論証してみせるかという知的ゲームのようなところがありました」(木田, 2010, p.153)．神の存在は信じる対象ではなく,理解する対象であったのである．しかし,現代はもはや「神は死んだ」時代なので,「神の存在を理解している」という表現は適切なものではない．

例を挙げてみよう．昨今，自動車の自動運転や運転支援技術の研究開発と実用化が花盛りであるが，これまでに実用化されてきた運転支援システムの一つに，アダプティブクルーズコントロール（Adaptive Cruise Control：ACC）というシステムがある．これは，高速道路などで，自車の前に先行車がいないときは設定された速度を自動的に維持するように制御（Cruise Control）し，自車の前に遅い先行車がいるときには車間距離を適切に保つように制御するシステムである（図 2.1）．

旧来の ACC システムの場合，停まっている車を認識できないことがあるため，停止している車両に対しては警報も制御も行われない．したがって，ACC を利用して高速道路を走行中，突如として渋滞の末尾に遭遇するような場面では，ドライバーが自分でブレーキを踏まなければならない．先行車の検知にはレーザーレーダーのほか，ミリ波，カメラなどを使うこともできたが，このような仕様になった理由は，商用化初期の段階で，比較的安価であったレーザーレーダーを用いることが多かったためである．

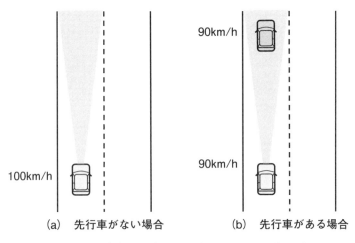

図 2.1　アダプティブクルーズコントロール（ACC）

レーザー光は外界のいろいろなものにあたって跳ね返ってくる．特に，道路脇のガードレールに付いている反射板からは，よく光が跳ね返る．先行車の検出にはブレーキランプのところに付いている反射板からのレーザー反射を主に利用するが，単に反射光を検出するだけでは，それがガードレールからの反射か，前方にいる車からの反射かの区別がつかない．「ガードレールからの反射など無視すればよい」というわけにもいかない．

実路を走行してみると，カーブ路などでは，ガードレールの反射板がちょうど目の前に来ることが決して珍しくない(**図 2.2**)．**図 2.2** のような場面でシステムがブレーキ操作を行った場合，他の車から見れば，「まったくいわれのないところで急にブレーキをかける」ことになるので，必ずしも安全とは限らないし，ドライバーにとっても迷惑であろう．

以上の理由で，ACC システムは，**図 2.2** のような場面では何もしないように設計され，その結果，前方に止まっている車を適切に認識できなくなった．

ここで，あるドライバーが，「渋滞の末尾に差し掛かったら ACC シ

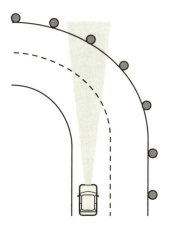

図 2.2 ACC と反射板

ステムが減速をしてくれる」と思い込んでいるとしよう．ここで「思い込んでいる」と書いたが，その「思い込み」は必ずしも明示的ではなく，ドライバー当人としては今までまったく気にしたことがなかったかもしれない．それにもかかわらず，このドライバーは，渋滞の末尾に差し掛かったところで，ごく自然に「システムが減速をしてくれる」と期待することになる．このような「期待」について，「このドライバーは，ACC システムが停止車両に対する減速操作を行ってくれることを信じている」という表現は適切であろうか．日本語の語感では，このような「期待」をもって「信じている」とはいわないのが普通の感覚ではないかと思われる．

しかし，本書では，ACC の例のような無意識の期待についても，「信じている」ことにして取り扱いたいと思う．

2.2.2 日本と欧米における「信頼」の意味の差異

学術的に最も広い意味では，ここまで述べたような「期待」を「信頼」と呼ぶこともある．実際，Barber(1983)は，「自然的秩序および道徳的社会秩序の存在に対する期待」(expectation of the persistence and fulfillment of the natural and the moral social orders)として信頼を定義している(山岸，1995)．英語では，"I trust the heavens will not fall."という表現[4]すら成り立つ(Barber, 1983；Grisar, 1917)．ここでの trust は，「確信している」くらいの意味として捉えておくのが妥当であろう．「信じている」という言葉を当てても不自然ではない[5]．

---

4) ギリシャ神話では，天はアトラスという巨神によって支えられているとされる．
5) 実際，例えば *Oxford Advanced Learner's Dictionary*(第5版)では，trust は，"the belief or willingness to believe that one can rely on the goodness, strength, ability, etc of somebody/something"(筆者訳：誰か(何か)のよさ，強さ，能力などに頼ることができるとの信念もしくは信じようとする意思)と説明されており，信じるということと密接な関係をもっていることが伺われる．

このような意味での trust という言葉を使う背後には，trust は「社会的な複雑さを縮減する」機能をもつ(ルーマン，1990)という基本的な考え方が，英語圏ないし欧米の文化圏に存在しているからだと思われる．「社会的な複雑さを縮減する」とは，不確実さがある環境で，それを単純化して白か黒かをハッキリさせるようなことだと思えばよい．ここでもやはり信頼と不確実性は密接に関係している．

上記のように最も根源的な意味での信頼を「自然的秩序および道徳的社会秩序の存在に対する期待」と捉えるのは，多分に欧米的な発想であるように思われる．すなわち，神と契約を結ぶというユダヤ教的な発想が(少なくとも筆者には)感じられる．これに対し，日本語の信頼では，期待・予測として信じることを「信頼する」と表現することはほとんどないのではないか．

しかし，実際は，欧米の研究者でも，「自然的秩序および道徳的社会秩序の存在に対する期待」という最も根源的な意味で信頼を議論することはほとんど行われない．Barber(1983)などですら，実際にはもう少し具体的な議論が行われる．これについては，第3章で改めて議論する．

2.2.3 「信頼」の二側面(やりとりの結果／やりとりの原因)

信頼とは，「信じて，頼ること」である．では，「頼る」とはどのような行為だろうか．

頼る対象は，何らかの形で人格，ないし主体性をもつものとして考える必要がある．三平方の定理を理解できずに信じるに止まっている人であっても，「三平方の定理を信頼する」とはいわないであろう．

また，頼る対象との間には，「何か仕事を任せる」などというように，何らかの形でやりとりがある．一方的に相手を信じることを，信頼するとはいわない．日本の神道的発想では「神を信じる」ということはあっても，「神を信頼する」とはあまり聞かない．人と神の間のやりとりは

通常行われることがないので，「神を頼る」という発想は出てきにくい．ユダヤ教では，神と契約を結ぶために，神が信頼する対象となる．

ここで，サンタクロースの例に戻ると，サンタクロースを信頼している子供には，例えば「クリスマスイブにケーキと紅茶を置いていたらサンタクロースがプレゼントをくれた」というような「やりとり」の経験がある．同様に，「ある商品を販売している会社を信頼している」という状態は「商品を買う行為を通じて，その会社とやり取りがある」とみることができるだろう．

信頼する対象は，人間でなくてもよい．ペットや動物を信頼することも十分にありうる．これは，人と馬，障害者と盲導犬・聴導犬・介助犬などの関係を思い出せば明らかであろう．さらには，人と機械との間にも，信頼関係と呼ぶべきものが存在する場合もある．ハンマーのような道具は信頼する対象ではないが，電動のインパクトドライバーは信頼する対象かもしれない．いわゆる自動運転車を利用するためには自動運転システムに対する信頼が不可欠なので，システムに対する信頼感は重要な研究テーマとなっている．人間が行う情報の獲得，分析，意思決定，実行のいずれかの部分で，何らかの形により機械化・自動化された対象が，信頼する対象であるといえる．

擬人化できる対象は，信頼の対象となりうる．実際，テレビ，コンピュータなどのものに対して，人間があたかも人に対するように接するということが指摘されている（Reeves & Nass, 1996）．英語では船を"she"で表現する場合があるし，バイクや自動車を「相棒」として扱っている人は少なくない．掃除機ロボットに多くの人が名前をつけているということを指摘した調査もある（Jones & Schmidlin, 2011）．

「信じる」とは，その相手についての何らかの心象であり，その心象はこれまでに入手した情報ややり取りの経験にもとづく「結果」である．「頼る」とは，ここまでに挙げたような対象に対して，何らかの行

動を委託する．つまり，次に新たに何かを託すという意味で，「原因」である．このように，信頼という言葉には，「やりとりの結果としての信頼」と，「これからのやり取りを生み出す原因としての信頼」の2つの側面がある．

ただし，筆者の個人的見解であるが，特にヒューマンマシンシステム分野の研究領域では，信頼感に相当する英語のTrustは，（頼る対象を想定したうえで，頼ることができるかどうかに関する）Beliefのことを指していると考えられる．実際，TrustとUse(Reliance)は明確に区別される概念である(Lee & Moray, 1992；Parasuraman & Riley, 1997)．この意味において，信頼という言葉を，「結果としての信頼」の意味で使うことも多い．

以上をまとめておこう．

「信頼」とは，「信じて頼ること」である．「信じること」は「期待すること」であるが，信じる対象が期待どおりであるかどうかについては不確実性がある．頼る対象は，何らかの人格をもつか，少なくとも擬人化が可能な相手である．そして，その相手とは何らかの形でやり取りを行う．

2.3　信頼のメリット─不確実さの低減─

信頼は社会の活動において不可欠である(フクヤマ，1996；山岸，1998；ルーマン，1990)．また，信頼が必要である場合，何らかの形で不確実さが存在する．このことも，すでに多くの研究者によって指摘されている(例えば，ルーマン，1990；山岸，1998)．不確実さがある状況で，自らの手で不確実さを排除したり，低減しようとすると，そのコストは膨大になり，どこかで破たんする．適切なコストで社会生活を営むためには，信頼が不可欠なのである．

不確実さを排除したり，低減しようとすることに信頼が必要な理由を以下に挙げて説明する．

例えば，飛行機が怖いが，外国に行きたい人がいるとしよう．パイロット，機体ひいては運航会社を信頼できれば，安心して飛行機に乗り込み，ごく短時間のあいだに目的地に到達することができる．しかし，パイロット，機体，運航会社をまったく信頼できない（信頼できないことを確信している）のであれば，別の手段を使わざるを得ない．この場合，目的地に到達するためには，鉄道や船，自動車など代替手段を使っても，膨大な時間を要することになる．もっとも極端な場合，徒歩で何万キロも歩かなければならないということもある．

「信頼したい気持ちはあるが信頼できるという確証がなくて不安だ」という場合は，信頼に足る情報を得るために大きな労力をかけなければならない．例えば，「安全を確保するために航空会社がどのような努力をしているか」「実際にどうやって安全を確保しているか」「その安全はどのようにして実証されているか」などの情報を得るのである．しかし，飛行機に乗るたびにいちいちこれらの情報を入手しようと思ったら，外国旅行などする気も起きないだろう．したがって，飛行機に乗って海外に行くためには，航空会社を信頼することが不可欠となる．

ここで注意しておきたいことが一つある．パイロット，機体，航空会社を信頼して飛行機に乗り，外国に行く場合，ある人は，過去の経験，他の人の評判などにもとづいて，十分確信をもって信頼するであろう．その一方で，パイロットも，機体も，航空会社も信頼できないと感じているのに，期日までに指定された場所にどうしても行かざるを得ないから，「やむを得ず信頼することにして飛行機に乗り込む」という人もいるかもしれない．両者はずいぶんと異なるが，「最終的には信じて，頼っている」という点では同一である．

もう一つ例を挙げよう．視覚障がい者が外出するためには，目の機能

を何らかの形で補償・代償することが必要である．その一つが，盲導犬を使用することである．盲導犬の使用者は，盲導犬に対して絶大な信頼を抱いている（例えば，石黒（2001）を参照されたい）．

盲導犬の優れた特質の一つに，「利口な不服従」(Intelligent Disobedience)というものがある（松井，2004 など）．盲導犬は，基本的には使用者（視覚障がい者）の指示に従って行動するが，赤信号のときに横断歩道を渡ろうとするなど，明らかに危険な行動である場合，使用者の指示に従わないように訓練されている（図 2.3）．こうして安全を確保できることで，視覚障がい者の社会参加がより容易となる．指示に従わないことがあるにもかかわらず，それを使用者が受け入れられるのは，強固な信頼関係が構築されているからである．この信頼関係の構築のために，4 週間かけた訓練が行われているという．

品質管理に関係する事例を一つ上げておこう．ある部品を，会社 A が会社 X に納入することを考える．部品の受入れに際して X がどの程度厳密な検査を必要とするかは，A への信頼にかかっている（図 2.4）．

例えば，X が A の部品に全数検査を行っているものとする．全数検査を行っていることは，一見すると品質の確保に力を入れていると思えるかもしれない．しかし，実際には，A の工程能力が信頼されていないからこそ，すべてをチェックしなければ危ないというのが実態であろう．逆に，A の能力に信頼がおけるならば，全数をチェックせず，サ

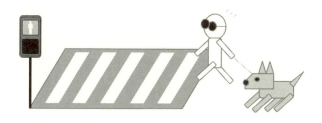

図 2.3　利口な不服従

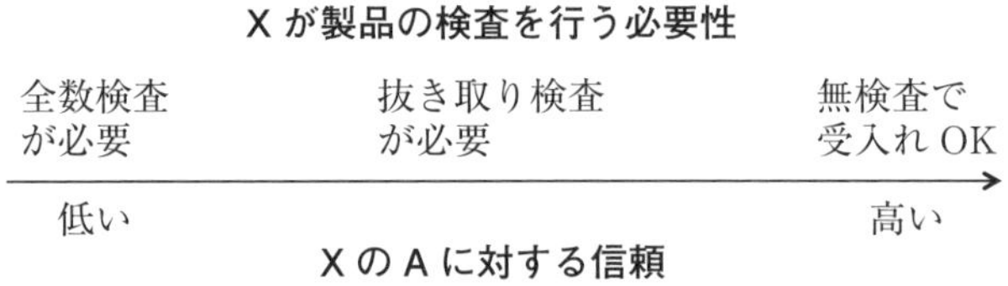

X が製品の検査を行う必要性

```
全数検査          抜き取り検査         無検査で
が必要            が必要              受入れ OK
─────────────────────────────────────────→
  低い                                  高い
              X の A に対する信頼
```

図 2.4　信頼と検査

ンプリング検査に止めても大丈夫である．究極の理想としては，無検査で受け入れても大丈夫であることが望ましい（自工程完結！）．無検査で受け入れることができるようになるためには，相当強固な信頼が必要なのである．

　2000 年代初頭，狂牛病が社会問題になったとき，輸入した牛肉の安全性を確認するため，全頭検査を行うことになった．図 2.4 の考え方で見れば，これは，牛の生産，流通プロセスを社会が信頼できないからこそ，「全頭検査しなければ怖くて仕方がない」と多くの人々が考えた帰結であった．検査をすれば，一応は安全の確認ができるため，「怖くて仕方がない」状態から脱却することはできる．しかし，検査手法には検知限界があり，それを下回る場合はごくわずかながらリスクが残るため，「全頭検査で 100％の安全が確保される」ということにはならない．

　安全を確認するための全数検査の作業には，大きなコストがかかっている．牛の全頭検査に伴うコストは，検査試薬だけでも年間数十億円と計算している論者もいる（唐木，2004）．そもそも社会的に信頼されていれば，検査コストは生じなかったはずである．

　買う側が検査をできない状況では，もっと深刻な問題が起こりうる．これは，「レモン市場」の問題（Akerlof, 1970）として知られており，信頼に関する文献でしばしば言及されるものである．ここでいう「レモン」とは，質の悪い車のことである[6]．例えば，中古車を買いたい人がいるとしよう．不具合があるかどうかは見かけからは判断がつかないの

で，この人は，「レモン」をつかまされるリスクを踏まえて，できるだけ安い価格で買い叩こうとする．すると，中古車を売る側は，そういう客に中古車を売ってもなお利益を上げるために，「レモン」を多く取り揃えようとする．このような，買い手と売り手の相互作用によって，あたかも「悪貨が良貨を駆逐する」かのように，市場に「レモン」があふれかえるという事態が発生する（図 2.5）．これが「レモン市場」と呼ばれるものである．

レモン市場が発生する根底には，商品の中身を売り手はよく知っているが買い手にはまったくわからないという「情報の非対称性」が存在することが知られている．「情報の非対称性」があったとしても，買い手が売り手を信頼できれば，すなわち，売り手が「レモン」を売りつけることはないと買い手が確信できるならば，レモン市場は形成されない．つまり，レモン市場の発生を引き起こす重要な要因の一つが，信頼の欠

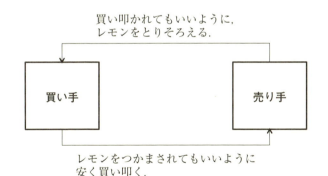

図 2.5　レモン市場の形成

---

6) 辞書などによると，米英のスラングで，価値のないもの（worthless thing）を昔からレモンと呼んでいたようである．一説には，レモンは見た目は美しいが中身が酸っぱい（おいしくない）ことから，見た目はよいが中身が悪いものをレモンと呼ぶという．それが，自動車に対しても使われるようになり「見かけはよいが中身がダメな車」をレモンと呼ぶようになったらしい．

如であるといえる．

　このレモン市場の問題は，今日の日本でも中古マンションの市場において問題とされることがあるし，ジェネリック医薬品がレモン市場になるのではないかという懸念もある．

　レモン市場そのものではないが，大学における教育に起こっている現象も図2.5に近いものがある．「学生が勉強をしない」「勉強をしない学生に対して一生懸命教えてもつまらないから教員が真面目に講義をしない」「講義がおもしろくないからますます学生が勉強をしない」という悪循環が続く．かくて，「大学の講義はつまらないものが多い」という定評ができあがる．そこに，やはり学生と教員との間に形成されるべき信頼関係の欠如を見出すことは簡単なことである．

2.4 対人関係における信頼

2.4.1 信頼の対象：「人への信頼」と「システムへの信頼」

　信頼の対象には，「人への信頼」と，「システムへの信頼」とがある．ここでいう「人」は個人であり，「システム」は機械，製品，企業，社会など，個人的な人格をもたないものを意味するものとする[7]．一見すると，「システムを信頼する」ことは奇妙に思えてしまうが，人はしばしばものを擬人化して捉えることがよく知られている．また，企業などの組織には，「法人」という，あたかも人格化された捉え方がある．実際に，「あの会社は信頼できない」というような言い方を我々はするわけである．他方，社会に統合された一つの人格のようなものを見出

---

[7]　なお，すでに例として挙げた盲導犬などについては，便宜上「人」のカテゴリに分類するものとする．特定の人格(犬なら犬格というべきか)をもつ個体であれば，ここでは「人」だとみなす．ただし，「人か，システムか」という区別に深入りしすぎることは避けようと思う．

ことは困難であるが，それでもなお，人は社会を信頼の対象とみなす．

システムには，さまざまなものがある．機械システムもあれば，人間の組織，あるいは社会全体をシステムと捉えることもできる．本書において「システム」を単独で用いる場合は，さまざまなシステムを含む相対的な概念としてのシステムを意味するものとする．つまり，「システム」を，機械，組織，社会，あらゆるものを包含する概念として用いる．ただし，誤解のない限りにおいて，「自動化システム」というような用語の使い方をせざるを得ない場面があることはお許し願いたい．他方，このように「システム」という語を特殊な意味として使う都合上，「自動化システム」というような表現はできるだけ避けるつもりである．そのために，「自動制御装置」のような「自動化システム」を意味する人工物は，すべて本書では「機械」と呼ぶことにする．一般的には，「機械」は物理的なメカを意味することが多いが，「コンピュータ化・知能化された人工物」を本書では「機械」と呼ぶ．

また，本書でいう「組織」は，企業など，特定の目的のために存在しているものを指すものとする．法人格をもっているもの，あるいはその一部と理解すればほぼまちがいない．社会全体も一つの組織としてみる見方もありうるが，本書ではそのような立場はとらない．

本書で取り扱いたいのは，主に「システムへの信頼」である．ただし，信頼という概念そのものは，「人への信頼」という観点から研究が進められ，広がってきているため，人と人との間の信頼に関して基本的な事項を押さえておくことは，品質技術者・信頼性工学の技術者にとっても有用である．そこで，以下，ごく簡単に全体を俯瞰しておくことにしよう．人と人との信頼感について，詳しくは山岸(1998)を参照することを勧めるが，天貝(2001)も興味深い一冊である．

天貝(2001)は，信頼感[8]について，基本的信頼(Basic Trust)と対人的信頼(Interpersonal Trust)とが区別できることを指摘している．これ

は，概念的な区分であるとともに，学問領域の違いによるところもある．本節では，基本的信頼，対人的信頼それぞれについて説明する．対人的信頼に関しては，相手の意図への信頼に関し，やや詳細に考察する．

2.4.2 基本的信頼

基本的信頼は，エリクソン(1973)を中心とした発達心理学において提唱されている概念である．人間の発達を8段階に区分した場合，最初の乳児期に基本的信頼を獲得すると考えられている．ここでの基本的信頼は，母との関係を通じて獲得されるものであり，「生後1カ年の経験から獲得される自分自身と世界に対する一つの態度」だという．

エリクソンの基本的信頼の概念には，「自分自身」に対する信頼という視点が入っているのが興味深い．母親との相互関係を通じて，必要物を供給してくれる外的存在が常に同じであることを認識し，他者に対する信頼の基盤が形成されると考えればよい．また，さまざまな衝動に対処する自分の諸器官の能力を信じられるようになり，自分自身に対する信頼感も芽生える．他者に対する信頼の形成が自分に対する信頼につながるという順序関係があることを指摘した研究もある(新井ほか，1995)．

エリクソン(1973)の指摘における重要な点の一つは，「基本的信頼感が，基本的不信感を上回るバランスを保つような態度を確立することが重要だ」と指摘している点である．たしかに，人生を上手に過ごしていくためには，信頼できる人(もの)と信頼できない人(もの)，近づくべき人(もの)と遠ざかるべき(もの)とを識別できる能力は非常に重要であ

[8) 天貝(2001)は，「信頼感」というように，「感」を付けて議論をしている．これは，主には天貝(2001)における研究対象が，人々の他者一般に対する信頼感であるからであろう．「特定の誰かを信頼できるかどうか」ではなく，「人々が他者をどのように信頼しようとするか」が問題となっている．

る.「何もかもが信頼できない」となるとまともに生きていくことはできないが,逆に「何でもかんでも信頼してしまう」ようでは,他人にだまされたり,搾取されて不幸な人生を歩むことになる.

2.4.3 対人的信頼—能力に対する信頼と意図に対する信頼—

対人的信頼の研究で,最も重要な人物は Rotter である.Rotter は,社会的学習理論の分野の第一人者とされ,1967 年の論文では,対人的信頼感尺度の開発を行っている(Rotter, 1967).これは,「(特定の誰かに対してではなく)一般的に,他者をどの程度信頼しようとするか」に関する態度(他者一般に対する信頼:General Trust)を尋ねるものである.

この Rotter(1967)以降,対人的信頼を評価するためのモノサシ(信頼感の評価尺度)が数多く開発された.天貝(2001)も,24 の質問項目からなる他者一般に対する信頼感の尺度を作成している.

これに対し,「特定の他者に対する信頼」(Specific Trust)を測定する尺度を構成した研究もある(Johnson-George & Swap, 1982).また,Rempel ほか(1985)のように,「密接な関係にあるパートナー同士の信頼」を議論した研究もある.しかし,社会心理学の分野では,「人は他者一般をどの程度信頼する傾向があるか」が研究テーマとして設定されることが多いので,特定の他者に対する信頼を論じたものはそれほど多くはない.

日本では,和辻(1962)が,信頼に関する論考を書いているが,今日の信頼研究にそれほど大きな影響をもたらしているとはいえない.今日の信頼研究に重要な位置を占めているのは山岸(1998)である.

山岸(1998)は,対人的信頼に関して,「能力に対する期待としての信頼」と「意図に対する期待としての信頼」を区別している.「能力に対する期待」とは,例えば部下に頼んだ仕事が,頼んだとおりきっちり仕上がることへの期待をイメージすればよい.これに対し,「意図に対す

る期待」とは，「相手が自分に危害を与えることはない」「相手に搾取されることはない」などといったことへの期待をイメージすればよい．

　具体例を挙げてみよう．研究者の世界では，誰かとチームを組んで共同研究を行う場合，「チームメイトがしっかり成果を挙げてくれるかどうか」について，その能力を見極めることが必要となる．

　成果を挙げることが十分に期待できるなら，その研究者を信頼して研究課題の一部を分担してもらう．この場合，能力をアピールするエビデンスの一つが，学術雑誌論文などの過去のアウトプットである．逆に，どんなに人の好い人物であっても，研究者としての能力が十分でない人を研究チームに組み込むことは危険である．日本では，この危険性を認識しつつも，情に流されて研究能力が十分でない研究者をチームに加えてしまうケースが散見される．その結果，尻拭いに奔走され，本来能力の高い研究者も十分なパフォーマンスを示すことができないという不幸な事例が起こる．

　他方，研究成果を挙げる能力はあっても，その成果を独り占めしてしまう人も，チームメイトにするにはリスクがある．「能力は高いのだが，油断のならない人」に対しては，信頼して研究課題の一部を分担してもらうことはできない．幸いにして，筆者はそのような人と関わり合いになったことはないが．

　ビジネスの世界でも，「誰と仕事をするか」を考える場合，まったく同じような問題に直面するだろう．研究者の世界はこれまでのところ比較的穏やかであり，仮に研究プロジェクトが失敗したとしても次のプロジェクトの予算がとりにくくなるだけで，直ちに職を失うという場面に出くわすことはまれである[9]．これに対し，ビジネスの世界では，事業

---

[9] ただし，若手研究者の場合，いわゆるテニュアトラックについている人が増えてきている．この場合，成果が上がらなければ首を切られるわけであるから，シビアである．若手に限らず成果の有無が生活に直結する時代になりつつある．

の失敗が生活の破たんに直接つながる可能性が高いので，パートナーの選択はよりシビアにならざるを得ない．相手の能力に対する期待については，「相手が仕事を託すに値する能力をもっているか」「自分に対して損害・危害を与えるような意図をもっていないか」を判断することが重要である．ただし，相手の能力や意図は往々にして不確実である．だからこそ信頼することが必要なのである．

相手の意図を信頼できない場合，「相手がもし自分を裏切った場合に備えて，何らかの報復措置が用意されている」と相手に周知する手段もある．いわゆる「マフィアの血の掟」は，その最たる例であろう．核ミサイルの大量の配備なども同じで，お互いに核による報復を準備することで，相手の攻撃を抑止するというロジックが成り立っている．

報復措置を用意しておくと，その報復を恐れて相手が自分を裏切らないようになる．これによって，「相手が自分に危害を加えない，搾取しない」ことに対する期待は十分に高まる．しかし，山岸(1998)の定義によると，このような期待も，「相手に対する信頼」という風にいえてしまいそうである．

ここで注意すべきなのは，「相手が自分に危害を与える意志をもたない」という事態と，「危害を与える意志はあるが報復措置を恐れて実行しない」という事態とは，区別して考えるべきであるという考え方である．後者，すなわち，「報復措置を恐れるがゆえに相手が自分に危害を加えることはない」という期待を，山岸(1998)は「安心」と呼んで，「信頼」と区別している．あるいは，「抑止力に基づく信頼」(Rousseauほか，1998)という特別な名称を与えている研究者もある．中谷内(2008)も，「相手に対する監視や裏切り行為に対する制裁を準備することで，否定的な帰結をもたらさないだろうと期待することは信頼とはいえない」と述べている．

なお，「報復措置をとること」「それを準備しておくこと」の有用性は，

いわゆるゲーム理論，特に囚人のジレンマと呼ばれる現象の起こるゲームで説明がつく．このことについて，少し説明をしておこう．

今，二人のプレイヤー A, B がいるものとする．それぞれは，「相手に協力するか」「裏切るか」の2つの選択肢をもっている．自分が選んだ手と，相手の選んだ手の組合せで，得られる結果が異なる．その一例を，表2.1に示す．

このゲーム状況は，ある犯罪によって警察に捕まった二人が，それぞれ別々に司法取引をもちかけられたものと考えればよい．この表2.1における数値は，減刑される年数を表すものとする．A, B は互いに隔離されており，相談をすることができない．「協力する」とは，囚人同士が協力してお互いに黙秘を続けることを意味し，「裏切る」とは，自白をすることを意味する．

例えば，囚人 A, B がお互いに黙秘を続ける(協力する)ならば，罪を裏付ける証拠が不足するため，求刑していた服役期間よりも実際の刑期は短くならざるを得ない．表2.1の場合，3年短くなっている．

囚人 A が自白をしてすべてを明らかにすれば(裏切り)，自白をした A は減刑され，このときもう一人の囚人 B が黙秘を続けたならば，反省の色が見えないということで重い罪を負う．表2.1の場合，A は 10 年減刑されるが，B には一切の減刑がない．B が自白し，A が黙秘をした場合も同様である．

囚人 A, B がともに自白をした場合(裏切り)，それぞれに罪を認めた

表2.1 囚人のジレンマゲーム

B \ A	協力する	裏切る
協力する	3 / 3	0 / 10
裏切る	10 / 0	1 / 1

ことになるのでほぼそのまま服役しなければならない．**表 2.1** では，反省の色を見せた分だけ，1 年分だけ減刑されている．

さて，この問題で，囚人 A, B は 2 つの選択肢のうちいずれを選択するべきであるか．囚人 A にとっては，B が協力してきた場合，協力すれば減刑は 3 年だが，裏切れば減刑は 10 年である．したがって裏切ったほうが得である．他方，B が裏切った場合，協力すれば減刑は 0 年であるが，裏切れば 1 年は減刑がある．したがって，A にとっては，裏切ったほうが得である．つまり，B がどちらを選ぶかによらず，A にとっては，裏切るほうが好ましい．同様に，B にとっても，裏切るほうが望ましい．ここで興味深いことは，お互いに裏切る（減刑 1 年）よりも，お互いに協力する（減刑 3 年）ほうが，全体としては望ましいはずなのに，自分自身の利得のみに注目するならば，裏切るほうを選んでしまうことである．このようなことから，**表 2.1** のような状況は，「囚人のジレンマ」と呼ばれる．

さて，罪をめぐる**表 2.1** のゲームは一回限りしか起こらないが，もし**表 2.1** のようなゲームを繰り返し行うと何が起こるだろうか．

これまでに，コンピュータ上でプログラム同士のゲームや，心理学的実験など，いくつかの実験が実際に試みられたほか，理論的な分析も進められた．その結果，いつ終わるともしれない，延々とゲームが続く状況においては，いわゆる「しっぺ返し戦略」，すなわち，「相手が直前に出した手を今回の自分の手とするという戦略」が有効に機能することが明らかとなっている．

現実世界の問題解決に当てはめて考えてみると，しっぺ返し戦略をとるということは，「報復措置を用意しておき，それを行使することがある」ことを相手にわからせることに相当する．しっぺ返し戦略では，相手が協力する間は自分も協力するが，相手が裏切る様子を見せるならばただちに自分も裏切る．現実世界の問題は，もっとさまざまな要因が複

雑に関連しあうことから，ゲーム理論ですべてが解決するわけではないが，「報復が怖くて裏切れない」というメカニズムを理論的に示している点は参考になる．

囚人のジレンマについてさらに詳しいことを知りたい読者には，アクセルロッド(1998)，山岸(1998)などが参考になる．

2.4.4 日本的な「ムラ社会」における「意図に対する信頼」

山岸(1998)は，意図に関する信頼について，興味深い研究を行っている．山岸(1998)らの一連の信頼研究は，「相手に騙されるかもしれない，搾取されるかもしれない」という社会的文脈があるなかで，それでもなお未知の人，あるいは他者全般に対して，「まずは信頼してみよう」と思う度合いに注目し，日米における比較を行っている．

その結果，身内の強固な信頼関係が成立しやすい日本社会では，身内から一歩外れたところにいる他者に対してはあまり信頼しないようにする傾向が一貫して見られることを指摘している．これに対し，個人主義が強いと思われている米国社会では，他者全般に対して「まずは信頼してみよう」とする傾向が強いという．これらの結果は，一見すると常識に反するような結果に見えるが，日本のいわゆる「ムラ社会」と，「ムラ社会」から見たよそ者への冷たい態度を思い起こせば，むしろ納得しやすい結果である．

日本の「ムラ社会」では，意図してか，意図せずしてか，結果的に互いの行動を監視している．そのため，相手をだましたり搾取したりした後のしっぺ返しにあうことを恐れて，相手に危害を加えようという意図をもたないほうが得だという判断をしやすくなる．すでに述べたが，こうした「報復装置」を前提とした「信頼関係」は，「本当の意味の信頼ではない」と山岸(1998)はいう．つまり，信頼しているのではなく，単に「安心」しているだけのことである．

山岸(1998)は，さらに，こうした意味での「安心」がこれからのよりよい社会の発展にとってはむしろ阻害要因になりかねないことを指摘している．身内の結びつきが強いために，身内の壁を乗り越えて新たな関係性を未知の他者と構築していくことが難しいからである．彼はそうした考え方から「人々が(未知の)他者を，「安心」ではなく「信頼」していくことが重要だ」として，「信頼の解き放ち理論」を提唱している．

　山岸(1998)の別の主張には，「他者一般を信頼する傾向が高い人(高信頼者)は，必ずしもだまされやすいお人よしだというわけではない」というものがある．彼は，高信頼者が実際にある特定の他者と接する際に，「相手が信頼できる人かそうでないか」に関する情報に対して敏感であることを指摘している．特に，相手が信頼を損ねるような行動をしたときに，信頼の喪失の度合いがより顕著であることがわかっている．このことについては，別の解釈もありうるのではないかと筆者は考えているが，詳細については第4章で改めて論じる．

2.5　組織の社会的信頼と主要価値類似性(SVS)モデル

2.5.1　組織に対する信頼

　繰返しになるが，信頼は，人と人との関係にもあるし，組織と個人との関係にもある．

　例えば，病気になって医者にかかりたい場合，「あの病院は信頼できる」とか，「この病院は信頼できない」というような判断にもとづいて病院を選ぶことがある．これは，特定の医師や看護婦に対する信頼感とは別に，総体としての病院に対する信頼感が存在する証拠であるといえる．実際にかかってみて，医師や看護師，事務の仕事ぶりを見たり，職員の人々とかかわりをもつことを通じて，信頼感は場合によって高ま

し，場合によって低くなる．

　組織全体に対する信頼感には，「まっとうな人も含まれているかもしれないが組織としてはアカン」という判断もありうる．もし信頼を損ねるような行動をしたのがごく一部であったとしても，組織全体が社会的な信頼を失う場合もある．不祥事を起こして社会問題に発展した事例では，末端の作業員だけの個人の問題なのか，あるいは組織ぐるみの問題なのかが問われる場合もあるが，組織の活動のなかで個人が不祥事を起こせば，組織としての信頼の喪失はまぬがれえない．たとえ個人だけの問題であるように見えたとしても，そのような問題行為を防ぐことができなかった時点で，組織の管理の不十分さを指摘せざるを得ない．

　病院に行けば，その組織で働いている人々と直接かかわり合うことが日常的に発生するので，かかわり合いの結果を通じて信頼感が醸成されたり損なわれたりする．他方，組織に属する人々と直接かかわり合うことはなくても，当該組織に対する信頼感は心の中に形成されうる．

　例えば，内閣に対する信頼感，省庁に対する信頼感などがそれである．個々の市民にとっては，国の行政の役人と直接やり取りをする機会はほとんどないのが普通であろう．それにも拘わらず，テレビ・新聞・インターネットなどから得られた情報にもとづいて，「この内閣は信頼できる」などと判断する．不祥事のニュースを見れば，「○○省はまったく信頼できない」と憤慨することもある．これらの場合，当該組織に関するニュース，報道，あるいは広告媒体などとの接触を通じて，信頼感が評価されることになる．

　2.2節で，信頼の対象とは，何らかのやり取りを行っていることが前提となることを述べたが，個人と政府との関係を考えると，政策遂行などの形で，間接的ながらも政府は個人に対する働きかけを行っている．この点で，信頼の対象とのやり取りを考えることができる．

　組織に対する信頼のごく特殊なものとしては，ブランドに対する信頼

もある．この場合，この「ブランド」を支えている組織について，はっきりとした認識をもっていない場合も少なくない．

筆者の個人的経験でいえば，「ミスタードーナツ」を運営しているのが「ダスキン」であるということを知ったのは，比較的最近のことである．筆者にとっては，ミスタードーナツは信頼できる対象であったが，それはダスキンが運営していたからというわけでは必ずしもない．

また，別の例としてノートパソコンの「ThinkPad」を挙げたい．もともとはThinkPadはIBMのブランドであったが，2005年以降は，レノボがこのブランドを引き継いでいる．ThinkPadに対する信頼は，IBMやレノボに対する信頼感というよりも，ThinkPadというブランドそのものに対する信頼感なのであろう．ブランドに対する信頼は，ブランドが製品やサービスを通じて個人に価値を提供するという意味で，そこに価値のやり取りの存在を想定できる．

組織やブランドという形をハッキリもたなくても，ある共通性をもつ集団に対する信頼感が形成されることもある．例えば技術者という集団，あるいは原子力発電に関わる技術者の集団のようなものに対する信頼感や不信感が形成されうる．

2.5.2　組織に対する信頼とリスクコミュニケーション

組織に対する信頼感が重要な役割を果たすのは，いわゆるリスクコミュニケーションの問題においてである．リスクコミュニケーションの分野においても，信頼が重要な役割をもつと認識されている（例えば，中谷内，2006）．

あるリスクを人が受け入れるかどうかは，そのリスクに関して入手した情報にもとづいて判断されることになる．また，その情報を発信している主体（行政などのリスク管理機関）を信頼できるかどうかで，受け取った情報を信用できるかどうかが異なってくる．

リスクコミュニケーションは，原子力，ゴミ処理などの分野で取組みが進められてきたが，近年は情報セキュリティ分野でも，「いかにユーザーの安心感を確保するか」という文脈で重要度が増している．例えば，西岡ほか(2014)は，「情報セキュリティ技術に対する安心感がどの程度オンラインショッピングにおいて重要な役割を果たしているか」を論じている．

リスクコミュニケーションで，信頼の概念はどのように議論されているだろうか．中谷内(2008)は，自身の研究における信頼を以下のように定義している．

「相手の行為が自分にとって否定的な帰結をもたらしうる不確実性がある状況で，それでも，そのようなことは起こらないだろうと期待し，相手の判断や意思決定に任せておこうとする心理的な状態」

ここでも，不確実性に言及している点に改めて注意をしておきたい．2.3節で述べているように，信頼は不確実さを縮減するための重要な機能なのである．

リスクコミュニケーションの問題では，自身にとっての脅威をもたらす源となっている組織と，リスクコミュニケーションを行う組織とが別の場合がある．この場合，「信頼できるかどうか」の判断が問題になるのは，リスクコミュニケーションをする相手側の組織である．これは，患者が病院を選ぶときとはやや様相が異なる．病院選びの場合は，自分にリスクをもたらす主体と，信頼できるかどうかを判断する主体とは，いずれもその病院だからである．

2.5.3 組織に対する信頼と主要価値類似性(SVS)モデル

リスクコミュニケーションにおける組織への信頼に関して，以下，考

2.5 組織の社会的信頼と主要価値類似性（SVS）モデル

えてみよう．

狂牛病（BSE）の話題が TV などで沸騰していた 2000 年代初頭，スーパーマーケットに買い物に出かけ，夕食の献立を考えている主婦がいる．その主婦は，今日の夕食に青椒肉絲（チンジャオロース）をつくろうと思っている．彼女は，「青椒肉絲は，牛肉でつくるとおいしい」と思っているが，BSE の問題に不安を感じている．このとき，精肉コーナーで牛肉を買うかどうかを考えた場合，「信頼できるかどうか」を判断する対象は，スーパーマーケットというよりも，むしろ牛肉の安全宣言を出した政府に対してである．もちろん，「そのスーパーマーケットが信頼できるかどうか」も問題になりうるが，この例の主婦は，スーパーマーケットが基本的には信頼に値すると判断したからこそ買い物に来ている．彼女は，「このスーパーマーケットは基本的には信頼できる」と考えているが，牛肉の安全性については政府を信頼していない．この場合，彼女は，「今日は牛肉ではなく豚肉にしておこう」と考えるかもしれない．

上記の例の主婦は，安全宣言を出した政府をなぜ信頼できないのだろうか．中央政府で日夜働いている役人に筆者は何人か面識があるが，いずれも高い知性をもち，職務に忠実に働いている人々ばかりである．同様のことを，中谷内（2006）も指摘している．おそらく，中央省庁の役人と一緒に仕事をした経験のある人は，多くの場合同様の印象をもつであろう．大多数の役人は，知性が高く，勤勉である．BSE 騒動の際に対応に当たった人々とは筆者に直接の面識はないが，いずれも同様に優秀で誠実な人々であろうことは（筆者には）容易に想像がつく．この主婦も，政府の役人の日々の仕事ぶりを見て，その能力の高さと誠実な仕事ぶりを感じることができれば安全宣言を喜んで受け入れるようになるだろうか．確かにそうかもしれない．しかし，必ずしもそうはならないという指摘がある（中谷内，2006）．

中谷内（2006）は，信頼感の構造を主要価値類似性（Salient Value Similarity：SVS)モデルで捉える必要があることを指摘している．SVS の考え方は，もとは Earle & Cvetkovich(1995)が提唱したものであるが，Cvetkovich & Nakayachi(2007)などの実証的な研究や，「リスクのモノサシ」(中谷内，2006)などを通じて，日本国内でも広く認知されている．

SVS モデルでは，相手に対する信頼を規定するのは，相手の能力や意図ではなく，主要価値であると考える．相手の能力や意図についての認知は，主要価値の類似性に支えられた信頼の結果として得られるものと捉える．旧来の「説得的コミュニケーション」研究では，相手の能力や意図についての認知にもとづいて信頼が形づけられるという立場であったので，旧来のモデルと SVS モデルとでは，因果の向きがまったく逆である(図 2.6)．

ここで，主要価値とは，以下のとおり説明される．

「ある問題(たとえば，河川改修計画や BSE 問題，母乳哺育，などさまざまなことがら)に対応しようとするときに現れる，『どのような結果が望ましく，そのためにどのような手段がとられるべきか』についての表象—個人が内的に保持する観念，意味やイメージなど—である．その問題がどのようなものであり，どのような選択が可能で，それぞれの選択の結果はどのようなものになりそうかという認識や意味を含んでいる．」(中谷内，2006)

スーパーマーケットで牛肉を買うかどうかを思案している主婦に立ち戻って考えてみる．彼女にとっては「BSE のリスクから一切解放されたいが，そのためには，そのリスクを排除するあらゆる取組みがなされなければならない」ことが主要価値である．これに対し，政府がもっている主要価値が，「BSE のリスクを完全に排除するのは困難なので，ある程度のリスクを消費者に引き受けてもらうことはやむを得ない．限ら

2.5 組織の社会的信頼と主要価値類似性(SVS)モデル

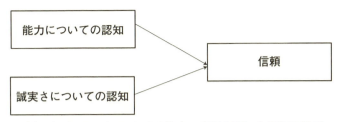

(a) 旧来のモデルにおける能力・意図の認知と信頼の関係

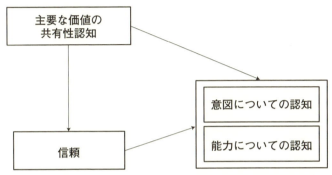

(b) SVS モデルにおける信頼と能力・意図の認知の関係

出典) 中谷内一也(2006):『リスクのモノサシ』(NHK ブックス),日本放送出版協会,をもとに作成.

図 2.6 旧来の信頼モデルと SVS モデル

れた予算と時間のなかでリスクを低減させることはもちろんだが,大事なのは牛肉を生産する事業者の安定的な事業の継続である」というものであった場合,あるいは少なくともこの例の主婦にはそのように見えた場合,「主要価値が共有できた」と彼女が感じることはない.

SVS モデルは,「主要価値が同じである,あるいは類似していると認知した対象をよく信頼する」と主張している.実際,いくつかの実証的な研究が SVS モデルの妥当性を支持している.

さらに,SVS モデルは,主要価値が類似している対象に対して,その能力や誠実さを高く評価する傾向があることも指摘している.「主要

価値が類似しているから信頼して任せておく」というところまでは理解できるとしても，だからといってその相手の能力や誠実さを高く評価するというのはにわかには信じがたいかもしれない．筆者にもややその印象はある．ただし，人は認知的不協和(Cognitive Dissonance)を嫌うので，そのためにより高い信頼を抱いている相手に対しては能力や意図を高く評価するという可能性が考えられる．

なお，認知的不協和とは，互いに矛盾する(あるいは，矛盾とまではいかなくとも，互いに整合しない)2つの事柄を同時に認知している状態をいう．しばしば引合いに出される例としては，喫煙の問題がある．

喫煙の習慣を継続している人は「たばこを吸いたい」という思いを日常的に抱く．このとき，知識としては「喫煙はがんのリスクを高めるなど，健康に悪影響を及ぼすことがある」ことを知っているものとしよう．この場合，これら2つが互いに整合していないので，認知的不協和の状態にある．一般に，人間は認知的不協和を嫌うので，その不整合を解消するような変容を起こす．喫煙の問題の場合は，例えば「きっと俺には悪影響は出ないだろう」などと(勝手に)思い込むことで，不協和を解消し，喫煙を継続するという事例が考えられる．これを実際に観察することはそう難しいことではない．

主要価値の類似によって信頼している相手に対し，その能力が低いとか，自身に対して何らかのよくない結果をもたらす意図をもっているといったことを認知した場合も，信頼との間で認知的不協和をもたらす．そこで，主要価値が同じで信頼できる相手については，高い能力をもっているとか，誠実であると認識する傾向が生じる．

SVSモデルは，リスクコミュニケーションの分野，特に，何らかのリスク問題において，互いに矛盾する主張をしている2つの組織のどちらをより信頼するかという場面で，特に有用なモデルといえる．能力もあり誠実に仕事をしている2つの組織があるとしても，一方は信頼でき

て他方は信頼できないことが起こる．

　例えば，原子力発電所の運転再開の是非に関する議論を考えてみよう．原子力規制庁が安全審査を行って，ある原子力発電プラントの安全性を承認したものとする．これに対し，原子力発電に反対する団体が，安全性に対する懸念を表明したものとしよう．原子力規制庁はもちろんのこと，原子力発電に反対する団体も，よく勉強し，調査し，専門的な検討を経て反対をしている．双方の議論を見ていると，どちらもそれなりに理屈が通っていて，どちらも正しいように思える場合がある．そのような場合でも，ある人は原子力規制庁を信頼し，別の人は原子力発電に反対する団体を信頼する．その違いを決定づけるのが，SVS（主要価値類似性）なのである．

2.6　人と機械の関係における信頼

　本節のテーマが，本来の筆者の専門領域である．本書の主張となる根拠の多くがここから出てくることから，少し詳細に説明をしていこう．

　対人的信頼に関しては，一般的信頼と，特定の対象に対する信頼とが区別される．本節で議論する「機械に対する信頼」は，特定の対象への信頼である．技術に対する社会受容性を考える場合は，機械に対する一般的信頼を論ずることが必要な場合も出てくるであろうが，今のところ機械に対する一般的信頼が問題となる場面は少ない．

　また，対人的信頼に関しては，人が人としてどう生きるかという根源的な問いと一般的信頼との関係が問題となることから，一般的信頼の構造を明らかにすることが重要視されてきた．しかし，機械に対しては，機械に支配された物語の世界を考えるならば話は別であるが，今のところそのような現実の必要性はない．

2.6.1 機械に対する人の信頼とその研究動向

信頼感は，個人，組織に対してだけではなく，機械(人工物)，特に高度に知能化した機械に対しても成立しうる．

機械や自動化システムに対する信頼感が重要であることを指摘したのは，Sheridan(1992)や，Muir(1987)，Lee & Moray(1992) などが最初であるといってよいだろう．Muir(1987；1994)は，対人的信頼感についての研究成果，特にBarber(1983)やRempelほか(1985)などの提案する信頼の概念を引用し，自動化システムに対する信頼の概念の定義を与えている．いずれのモデルでも，何らかの意味で複数の「次元」をもつことが指摘されている．

例えば，Barberのモデルでは，Fiduciary Responsibility, Technical Competency, Persistenceの3つの次元を分けて考えている．ここで，Fiduciary Responsibilityが「意図への信頼」，Technical Competencyが「能力への信頼」にほぼ相当するので，Barberのモデルは山岸の分類(2.4.3項)に似ているといえる．Persistenceは，「自然的秩序および道徳的社会秩序の存在に対する期待」(expectation of the persistence and fulfillment of the natural and the moral social orders)に相当するものであり，エリクソンの基本的信頼(2.4.2項)のようでもある．しかし，ここではあまり議論する必要はない．意図と能力を区別する必要があるという点では，今日において特段の目新しさがあるというわけでもなく，実際，ヒューマンマシンシステム分野においてBarber(1983)の分類に依拠している研究はほとんど見られない．

機械に対する信頼は，多くの場合，「能力への信頼」が論点となるので，「意図への信頼」との区別がそれほど重視されてこなかったというのが実態である．ただし，今後は，悪意をもった機械を前提とした信頼研究が必要になってくるのは間違いない．実際，情報セキュリティの分野において，信頼は重要なキーワードとして急速に認知されつつある．

2.6.2 密接な関係にある二者間の信頼を分析する

Rempel ほか(1985)は，以下の3つの次元を区別している．

① Predictability（予測）
② Dependability（確信）
③ Faith（盲信）

このモデルでは，論文のタイトル"Trust in close relationship"にあるように，近しい関係にある二者の間の信頼感を対象としている．わざわざこのように銘打っているのは，対人的信頼感の研究の多くが，特定の個人を対象とした信頼感ではなく，「他者一般に対してどのように信頼を置こうという態度をもっているか」に注目しているからだといえる．

Muirは，このRempelほか(1985)のモデルにもとづいて，上記の3つの次元で機械に対する人間の信頼を定義している．Rempelほか(1985)における3つの次元については，日本国内外を問わずあまり知られていないため，実は日本語として確定した定義はない．しかし，筆者はこのモデルはかなり有益なのではないかと考えているので，上記のように訳語を提案した．詳細は以下に解説する．

Rempelほか(1985)では，信頼に関する評価尺度を構築している．**表2.2〜表2.4**は評価尺度の構築に用いられた質問項目である．これらのうちいくつかは尺度構成の手続きのなかで落とされているが，Rempelほか(1985)が何を考えてこの尺度を構築しようとしたかを知るためには，むしろすべての案文をリストアップしておくほうがよいと考える．

Predictabilityとは，「相手(Rempelほか(1985)では他者，Muir(1994)では機械)の行動がどの程度予測できやすいか」に関する認知である(**表2.2**)．このPredictabilityは，したがって「予測のしやすさ」といっておけばよいだろう．ここでは和訳としてはあえてやわらかい言葉を当てているが，それは次の2つとのバランスをとるためなので，上記の①では，より端的に表現するため，誤解を恐れることなく「予測」という語

表 2.2 Predictability（予測）に関する質問項目

一般的に，私のパートナーは物事をいろんなやり方で行う．彼（もしくは彼女）は，一つの方法にこだわるということがほとんどない．
私は私のパートナーが確立した行動のパターンを熟知しており，私は彼（彼女）がそのようにふるまうことを任せておける．
私が嫌いなことや当惑させられるようなことを私のパートナーが決してしないということについて，私は確信をもつことができない．
私のパートナーはとても予測が不可能である．私は彼（彼女）が今日はどのように行動するか，別の日はどのように行動するかについてはまったくわからない．
私のパートナーはとても首尾一貫した振る舞いをする．
私は，私のパートナーがどのように行動するかをたいていわかっている．彼（彼女）は頼りになる．
彼（彼女）の言動が予測できないので，私が何か言ったり行ったりすることによって彼（彼女）と衝突するかもしれない場合には，私はときどき私のパートナーを避けることがある．

出典) Rempel, J. K., J. G. Holmes & M. P. Zanna (1985)："Trust in close relationships" *Journal of personality and social psychology*, Vol.49, No.1, p.95 にある文章を筆者が翻訳したもの．

を当てている．

Dependability とは，ポジティブな意味でもネガティブな意味でも，「相手（パートナー）が頼りになるかどうか」に関する認知である（**表 2.3**）．

Faith も，頼りになるかどうかに関する認知であるという言い方ができそうである（**表 2.4**）が，Dependability と Faith の違いは，「不確実な状況を対象としているかどうか」にある．Dependability は，不確実な状況というよりも，「これまで経験したような状況の範囲のなかで，相手が頼りになるかどうかを判断する次元」である．これに対し，Faith は，「未来や，不確実な状況において相手が頼りになるかどうかを判断する次元」である．

この Dependability と Faith は極めて日本語にしにくい用語である．いわゆる信頼性工学（Reliability Engineering）の世界においても，Reliability をより一般化した概念として，「ディペンダビリティ」（Depend-

表 2.3　Dependability（確信）に関する質問項目

私の幸福に関する心配事についても，私のパートナーに頼ることができる．
私のパートナーは信頼できる相手であることを実証しており，ほかのパートナー同士なら怖いと感じる活動であっても，私は喜んで彼（彼女）にそれをさせておける．
私のパートナーが何か私に影響を個人的にもたらす意思決定をする際には，私はとても落ち着いてはいられない．
私のパートナーがいつも頼りになるとは限らないということに気づいている．それが私にとって重要な問題である場合は特にそうである．
私たちの関係において，私は注意深くしていなければならない．さもなければ私のパートナーは私よりも優位の立場をとってしまうかもしれない．
私のパートナーが私をだますことはないということは確信している．たとえそのような機会があり，それがばれる恐れがまったくないとしてでもある．
私のパートナーが私に対して約束したことについては，その約束を守ってくれることを頼りにできる．
私のパートナーがありえなさそうな言い訳をしている場合であっても，私は彼（彼女）が本当のことを述べていると確信できる．
私のパートナーが私に関わる意思決定をする際には，喜んで任せておくことができる．

出典）　Rempel, J. K., J. G. Holmes & M. P. Zanna (1985)：" Trust in close relationships" *Journal of personality and social psychology*, Vol.49, No.1, p.95 にある文章を筆者が翻訳したもの．

ability）という用語を用いている．しかしながら，信頼性工学においてすら，Dependability に適した日本語は当てられておらず，カタカナの「ディペンダビリティ」のままとなっている．本書でも，カタカナの「ディペンダビリティ」で逃げたいところではあるが，信頼性工学分野での「ディペンダビリティ」と明確に区別する必要があるから，Rempel ほか（1985）の意味での Dependability を，「これまでの経験の範囲内で頼りにできる度合い」，もしくは表現をより簡略にするために「確かな信頼」，もしくは「確信」と呼ぶ．また，Faith は，「過去の経験の範囲を超えたところで相手を頼りにできる度合い」[10]であるが，これも長すぎるので，「盲信」と呼ぶ．

表2.4 Faith(盲信)に関する質問項目

困難な状況や不慣れな状況に置かれた際でも，私のパートナーが自身の意思で行うことについて私が心配をしたり脅威を抱くことはないだろう．
もし私のパートナーがどのように反応するかがわからない場合であっても，私は私自身のことを安心して彼(彼女)に話すことができる．もしそれが私にとって恥ずかしいことであってもである．
時が過ぎ，未来が不確実であるにもかかわらず，私は私のパートナーが常に私を力づけてくれ，サポートしてくれると確信している．
私のパートナーとの関係において，未来は不確実で，それが私の心配の種である．
私たちが過去に直面したことのない状況に直面して何か重大な意思決定をしなければならない場合はいつでも，私のパートナーは私の幸福を心配してくれることを私はわかっている．
私のパートナーがあることを私と分かち合ってくれると期待できる根拠がない場合であっても，私は彼(彼女)がきっとそうしてくれるだろうと確信している．
私は，私のパートナーに私の弱みをさらす場合でもきっとポジティブに反応してくれるであろうと頼りにしている．
私が抱えている問題を私のパートナーと共有するときは，私が何か言ったとしても，彼(彼女)は愛のある仕方で対応してくれることがわかっている．
私のパートナーと私が今から10年後も今と同じように一緒にいて，二人の関係を終わらせようと決めたりすることはないということについては，確信をもつことはできない．
私が私のパートナーと一緒にいるときには，新しい，未知の状況に直面しても安心できる．

出典) Rempel, J. K., J. G. Holmes & M. P. Zanna(1985)："Trust in close relationships" *Journal of personality and social psychology*, Vol.49, No.1, p.95 にある文章を筆者が翻訳したもの．

以上の理由から，本書では，Predictability は「予測」，Dependability は「確信」，Faith は「盲信」とする[10]．

Muir(1987)ないし Rempel ほか(1985)のモデルでは，「予測」と「確信」は，いずれも過去における相手の行動について，現時点での心象を言及するものなので，現在完了形の時制をもつ．これに対し，「盲信」

---

10) 盲信という言葉に違和感をもたれる読者もいるかと思われるが，「過去の経験の範囲を越えた」ことを含意することを重視し，あえて「盲信」を用いている．

は，不確実な状況，つまり，未来の状況に目を向けているので，未来形の時制をもつ．こうして考えると，Rempel ほか(1985)のモデルの背後には，時間の概念が潜んでいることがわかる．これとは対照的に，山岸(1998)の「意図に対する信頼」「能力に対する信頼」という分類では，時間の概念は表立っていないことに注意が必要である．時間の概念を考慮に入れることについては，第3章において改めて議論する．

2.6.3 機械に対する信頼のモデル

「予測」「確信」「盲信」が時間的側面を表したものなら，それらはそれぞれが互いに関係していると考えられる．筆者は，機械に対する人の信頼において，これら3つの側面の相互の関係を考えてみたことがある(Itoh & Tanaka, 2000)．それを，以下，紹介しよう．

機械が人間をだます意図をもつことはないと仮定すれば，「機械の能力を人間がどう信頼するか」がここで問題となる．機械の能力について，信頼性工学的に考え，「機械が作動する条件は何か」と「その条件の下で正しく動作するかどうか」の2つの問いを区別する必要がある．そこで，図2.7のようなモデルが考えられる．

図2.7(a)は，機械システムがもつ設計上の能力である．

横軸は，「当該システムにとってのタスクの困難さ」を表す指標である．例えば，自動車のブレーキシステムの場合，横軸を路面の摩擦係数として想像すればよい．路面が滑りやすくなればなるほど，「要求されたタスク」を実現すること(ここでは，ドライバーがペダルを踏み込んだ強さに応じてしかるべき制動力を実現すること)が困難となる．

縦軸は，「与えられた条件で，当該機械システムが要求されたタスクを実現できる確率」を表すものとする．これは，狭義の信頼性(Reliability)に相当すると考えてよい．システム設計では，信頼性(Reliability)を確保するために，作動条件に適当な制限(ここでの表現は「設計

54　第2章　信頼とは何か

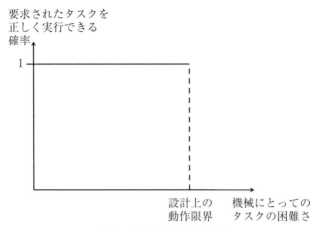

(a)　機械の設計上の能力

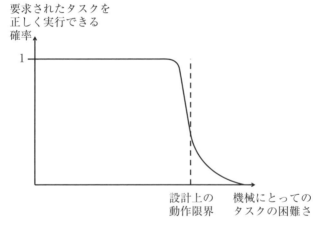

(b)　機械の実際上の能力

図2.7　「機械の能力」に対する信頼のモデル

上の動作限界」とする)を与える．システム設計上は，その限界の範囲内であれば，100％の信頼度で機能を実現するようになっていなければならない．しかし，必ずしもすべての場合で100％の信頼度を確保できるとは限らない．

設計上の動作限界は，多くの場合，安全係数のようなものを見込んでいるため，保守的であり，安全側に線引きをする．実際には，「設計上の動作限界」を逸脱したら直ちに機能をすべて発揮できなくなるわけではなく，場合によっては（結果的に）うまく作動できてしまうこともある．そう考えると，実際のシステムは，図 2.7(b) のようになるのではないかと考えられる．

人間が機械に対して抱く信頼も，図 2.7 の図式をもとにして考えることができる．人は「これこれの条件のときにはその機械にちゃんと作動してほしい」という「期待」をもつ．場合によっては，「これこれの条件」というものがなく，「ありとあらゆる条件で作動してほしい」という期待もあるだろう．本書では「期待」という表現をしているが，「かくあるべき」という希望としてあるかもしれないし，「きっとそうだろう」という一種の願望かもしれない．いずれにしても，こうした「期待」「希望」「願望」は，過去の経験をも超えたところを含む，「機械にどうあってほしいか」という心的イメージである．これは，Muri(1987；1994)のいう「盲信」(Faith)に相当すると考えられる．

この「盲信」の範囲内で，過去に機械システムを使った経験にもとづき，「こういう場合はうまくいく」「こういう場合はうまくいかない」「こういう場合はうまくいったりいかなかったりする」という感覚を得ていく．これらのうち，うまくいくと確信できている条件が，「確信」(Dependability)に相当する．

ところで，「うまくいく・いかない」がはっきりとわかる条件というのは，ユーザーたる人間にとって予測可能な条件である．すなわち，システムの作動がうまくいくことをほぼ完全に信じられている条件と，システムの作動がうまくいかないことをほぼ完全に信じられている条件とを合わせたものが，「予測」に当たる．

以上のことを整理すると，図 2.8 のようにまとめることができる．

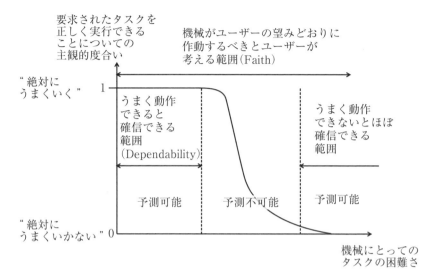

図 2.8　信頼の 3 要素と「機械の能力」に対する信頼のモデルの関係

なお，実験で信頼を主観評価してもらう場合に，表明される信頼の度合いと図 2.8 のモデルにはどのような関係が成り立っているだろうか．筆者は，以下のように考えている．

「信頼の主観評価は，"要求されたタスクを機械が正しく実行できることについての主観的度合い"の積分値の Faith に対する比である」

これは，つまり，図 2.9 に表現されるアミ掛け部分の面積である（Faith の面積を 1 とした場合の相対的な面積）．しかし，これは，あくまでも仮説で，実証されたものではない．また，実証しようと思っても，かなりの困難さが予想されるため，実証しようという気にすらならないというのが，筆者の偽らざる本心である．

2.6 人と機械の関係における信頼　57

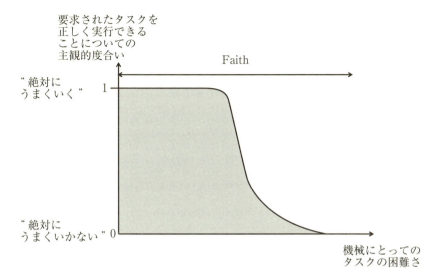

図 2.9　信頼の主観評価で表明される信頼の度合い

2.6.4　信頼の予測・確信・盲信の次元についての具体例

　図 2.8 の信頼のモデルについて，2.2 節でも扱った自動車のアダプティブクルーズコントロール（ACC）を例に挙げて考えてみよう．

　ACC では，システムが発揮できる減速度に上限がある．以前は 0.25G（約 2.5m/s^2）であったが，最近は 0.4G 程度と，時代によって多少の変動はあるが，システムが発揮できる減速度には限界がある．これは，目の前を手動運転で走っている車が引き起こすかもしれない減速度に比べると，比較的小さい．素人のドライバーであっても，急ブレーキを思い切りかければ 0.5 ～ 0.6G 位の減速はできる[11]．さらに，プロのドライバーやテストドライバーなどであれば，1G 減速も可能だとされる．いずれにしても，先行車が急減速した場合には，ACC による減速だけでは安

---

11) これがどれくらいの減速度であるかを想像したければ，自動車教習所で隣席に座った教官がときおり介入してくるブレーキを想像すればよい．それが大体 0.5 ～ 0.6G 減速に相当するはずである．

全を確保できない場合がある.

　このことから,先行車の減速度を横軸にとると,ACCのブレーキ性能は図2.10のように表現できる.先行車減速の際に実際に事故を回避できるかどうかは,先行車の減速度,車間距離,ブレーキ開始タイミング,路面の摩擦係数,自車のタイヤの摩耗度合いなどさまざまな要因に依存する.したがって,0.4Gの減速を自車でできる場合でも,あるいは先行車の減速が0.4Gより小さい場合であっても,事故を回避できない可能性がある.逆に,先行車の減速が0.4Gよりも大きい場合でも,事故を回避できてしまう可能性も考えられる.

　これに対し,ドライバーはどのような心的イメージをもちうるだろうか.ACCは先行車追従を行うものであるから,先行車との追突の回避をいかなる場合でも実現してほしいと望む人もいるだろう.そうすると,その人にとっての「盲信」(Faith)は,あらゆる先行車減速度にわたる範囲となる(もちろん,自動車が実現できる減速度は物理的に上限があるので,その範囲内ということにはなる).しかし,実際に先行車追従の場面でACCを使ってみると,先行車の減速が緩やかである場合には問題なく使えるが,先行車の減速がやや急である場合,「システムに

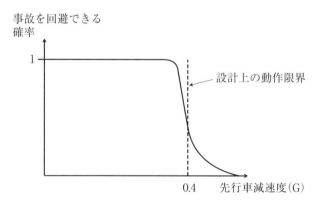

図2.10　ACCのブレーキ性能

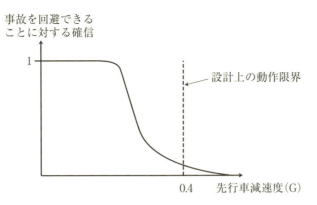

図 2.11 ACC に対する信頼の例

任せられる・任せられない」という主観に関係なく、怖くてブレーキを踏みたくなることがある。したがって、実際にドライバーがシステムの減速を経験するのは限られた減速度の範囲内ということになる。このことを表してみると図 2.11 のようになる。

2.6.5 予測・確信・盲信の次元にもとづく信頼モデルの限界

　Muir(1987；1994) のモデルをベースにした図 2.8 の信頼のモデルは、機械に対する信頼をある程度表現できるものの、限界がある。このモデルでは、人と人との間の信頼を論ずるときに問題となる「能力への信頼」と「意図への信頼」の区別ができないのである。

　もともと、Rempel ほか (1985) のモデルでは、パートナー、特に人生のパートナーなどを対象としている場合には、相手の能力という側面はあまり問題にならない。逆に、同じ次元を用いつつも、Muir(1987；1994) のモデルにおいては、相手 (機械) の意図自体は明白であり、「機械が自分をだまそうとか搾取するかもしれない」ということを懸念する必要はなかった。このため、これらの研究では、「意図に対する信頼か」「能力に対する信頼か」を区別できなくてもよかった。Muir(1987；

1994)のモデルが能力に限定しているのは，想定しているシステムが，原子力発電プラントや，民間航空機のような，主にプロが使用するものであったことに起因すると考えられる．

　今日のように情報技術が発達し，自動化が人々の日常生活に入り込んできた状況では，問題の所在も異なる．すなわち，機械が「何のためのものであるか」について，「ユーザーがイメージするシステムの意図（ないし目的）」と，「システムの本当の意図（目的）」とは，必ずしも一致するとは限らないという状況が起きつつある．

　再び ACC を取り上げて考えてみよう．

　ACC は，厳密にはドライバーの「負担軽減」のためのシステムであり，安全を確保するためのシステムではない．一見すると少し不思議な感じがするが，ACC は事故の回避が保証できないシステムなのである．実際，日本の産官学連携プロジェクトである先進安全自動車（Advanced Safety Vehicle：ASV）プロジェクトでは，運転支援システムを，「負担軽減のためのもの」と「事故回避のためのもの」とに分類しており，ACC は「負担軽減のためのもの」に含まれる（国土交通省，2007）．

　事故回避のためではないということが，具体的な形で現れた事例の一つとして，すでに指摘したように，「システムによる制動には減速度に上限がある」ことが挙げられる．さらに，ACC がもっているセンサーの能力は著しく制限されており，認識できない対象も多い．

　ACC は，自車線内で前方を走行している車を認識する能力しかもたない場合が多いので，自車線以外から割り込んでくる車がある場合，割り込んできた後でないとその車を認識することはできない（**図 2.12**）．「ACC は，一定速度を維持して走行するか，あるいは単に自車線内前方を走行している他車を認識して，それに追従するだけのシステムである」ということをドライバーが正しく認識していればよいのだが，それを誤解してしまうと誤った信頼が形成されることになる．

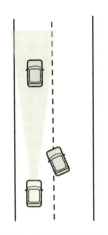

図 2.12　割り込み車を認識できない ACC

2.6.6　意図・目的に関する信頼を考慮に入れた信頼モデル

Lee & Moray(1992)は，Muir(1987；1994)とはやや異なる立場から，機械に対する人の信頼のモデルを改めて提案している．Lee & Moray(1992)のモデルでは，以下の4つの次元を区別している．

① 目的(Purpose)
② 方法(Process)
③ 能力(Performance)
④ 基礎(Foundation)

ただし，ここでいう基礎(Foundation)は，Barber(1983)のいう「自然的秩序および道徳的社会秩序の存在に対する期待」にほぼ相当する概念である．したがって，機械に対する人の信頼を考察するときは，ほとんど無視してよい．機械に対する人の信頼を論ずるときに重要なのは，能力，目的，方法の各次元である．

「能力の次元」は，人と人との間の信頼関係において問題となる能力の次元，すなわち，山岸(1998)のいう「能力に対する信頼」に相当するといってよい．

「目的の次元」は，山岸(1998)のいう「意図に対する信頼」に相当するものと考えてよい．機械が悪意をもって人間を搾取しようとする意図を考える必要はほとんどないが，すでに述べたように，悪意をもった誰かが，機械を利用してユーザーに何か危害を加えたり，搾取を試みようとすることは今後重要なトピックとなる．少なくとも，機械の目的が，ユーザーの期待とずれているという意味での「目的への信頼」については，これまでにも重要な問題となっている．

Lee & Moray(1992)の信頼モデルでは，この「意図への信頼」が明示的に取り入れられているのとともに，「方法の次元」が存在すると考えている点が特徴的である．

「方法の次元」の重要性について，以下，思考実験をしてみよう．

あるユーザーが，システムの目的を正しく理解したうえでそれを使っている状況を考える．実際に使ってみたところ，これまでの限られた経験のなかでは，ユーザーが望む機能を適切に果たしてくれていたものとしよう．

このような状況でも「システムを素直に信じて託す」ということが難しい場合が考えられるのである．2.3 節と同様に飛行機が怖いが，外国に行きたい人の例を考えてみよう．

旅客機は，乗客をある目的地まで空を飛んで連れて行ってくれる．乗客は，それを間違えて認識することはない．また，飛行機が空を飛ぶという事実は，テレビ，雑誌，あるいは自分自身の眼を通じて確認している．ごくまれに飛行機事故は発生するものの，それは空を飛ぶという原理自身が破綻したからというよりは，さまざまな要因が積み重なった結果として墜落することがほとんどである．いずれにしても，飛行機が安全に空を飛ぶ能力をもっていること自体は，誰にでも理解できるだろう．それでもなお，飛行機が怖く，飛行機に乗れないのである．それは，飛行機が空を飛ぶという原理，すなわち「方法」が納得できないか

らだと考えられる．

「いまだに飛行機が飛ぶ原理が理解できないなんて……」と思いたくなるところではあるが，事情はそれほど単純ではない．

飛行機が空を飛ぶ能力の根源をここで考えてみよう．それが，翼に発生する揚力にあることは間違いない．一般的に流体力学でいうベルヌーイの定理によって，翼の下側の空気と上側の空気との間に圧力差が生じ，その結果として上向きの揚力が生じると説明される．しかし，揚力をもたらすメカニズムについては，ときどき異論が出る場合がある（例えば，Anderson & Eberhardt, 1999）．

ベルヌーイの定理に対する異論のほとんどは，誤解にもとづく珍説であるようだが，そこに問題がある．すなわち，自分では理科系の人間であることを自認する人々のなかにも，ベルヌーイの定理を誤って理解してしまう人がいるのである．それくらいに，揚力をもたらす仕組みは複雑で，人間の直観に必ずしもそぐわないものである．「教科書の大半は揚力の説明を間違えている」ともいう論者もいる（松田，2011）ほどである．NASA も自身の Web ページで揚力をもたらすメカニズムについての誤った理論に警鐘を鳴らしている．

図 2.13(a) は，揚力をもたらす原理についての誤った説明図である．「翼の上と下を流れる空気が，翼の後縁に同時に到着することを前提として，翼の上のほうが流れが速い」ということを述べた図であるが，実際にはそういうことは起こらない．また，この原理では，アクロバティックな背面飛行が可能であることが説明できない．

森岡茂樹（京都大学名誉教授）による説明の図を図 2.13(b) に示す．少し長くなるが，正確な説明は航空宇宙工学の専門家に任せたほうがよいと思われるので森岡の Web ページから以下，引用する．

「流体力学の定理の中に「静止状態から出発してできる粘性のない流

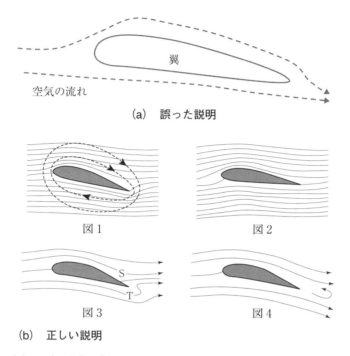

図 2.13 飛行機が空を飛ぶ原理

れは循環のない流れである」(ケルビンの循環定理)があります．翼が一定速度で動き出すとき，流体に全く粘性がなければ，翼まわりの流れは循環のない流れで，図 3(図 1 の実線)のような流線が生じるはずです．つまり，翼の後部にできるよどみ点 S は翼の後縁 T と一致しません．そのため，曲率の非常に大きな後縁をまわり込む流れを生じ，T における流れの速さは非常に大きく，(ベルヌーイの定理に従って)圧力は非常に小さくなります．一方，よどみ点では，速度は 0 で，圧力は非常に大きくなります．このような流れの状態は不安定で，気流は後縁 T で剥離し，図 4 に示すような渦ができ，反時計まわりの循環が発生します．

そして，ケルビンの循環定理を満足させるために，翼のまわりに時計まわりの循環が発生します．後縁にできた渦はやがて翼から離れて後方に押し流され，翼のまわりには図1の点線で示されたような循環のある流れが残ります．これと循環のない流れが重なって図2のような流れになり，後方よどみ点と後縁が一致した定常な流れができます．これが，翼の上側では流速が速くなり，翼の下側では流速が遅くなる理由です．」

このように，揚力一つとっても，それをもたらすメカニズムは実に複雑で，人類全体でみても，適切に理解している人のほうがむしろ少ないとさえいえる．

揚力の問題ほどではないにしても，機械が一定の機能を実現している背後にある原理を正しく理解するようにユーザーに求めることは，必ずしも現実的ではない．人々が利用する機械は数多くあり，それぞれ物理的，化学的，生物的な原理が適用されている．ある特定の部分を正しく理解できるとしても，すべてを正しく理解するのは不可能である．

このような人間の能力の制限から，「原理を信頼する」という，一見奇妙な表現が成立することになる．2.2節で述べたように，厳密にいえば，原理は信じる対象ではなく，理解する対象である．しかし，すべてを正しく理解することは不可能であることから，「自分では確かめたわけではないがきっと正しいだろう，大丈夫だろう」と「信じて」機械を利用せざるをえない．

ある機能を機械が実現するための方法はさまざまである．したがって，その機能を実現している機械のうち，「Aという方式のものは信頼できるが，Bという方式のものは信頼できない」という人も出てくる．何度も例に挙げているACCも「レーザーレーダーを使う方式」「ミリ波レーダーを使う方式」「カメラを使う方式」，あるいは「3方式のいくつかを組み合わせる方式」などを利用して先行車を認識する．それぞれの

方式によって得意・不得意があるので,「こういう場面ではこういう方式がよい」といったことも起こりうる.

例えば,レーザーレーダーを用いる方式では,雨粒によってレーザーが散乱してしまうことから,雨や霧という天候下ではうまく先行車を認識できないことがある.しかし,レーザーでピンポイントに認識できるので,横方向の位置は比較的正確に認識できる.これに対し,ミリ波を使う方式の場合は,レーザーに比べて雨や霧に対し比較的頑健であるが,横方向の分解能はあまり高くない.近年の技術開発の進歩によってこうした得失の差は次第に解消されているが,得意・不得意という意味では大きな変化がないかもしれない.いずれにしても,そうした方式の違いによって,「こういう場合なら信頼して大丈夫だが,別の状況ではあまり信頼できない」という事態が起こりうる.こういった場合,信頼の「方法の次元」が重要になる.

2.7 機械の特定の作動に対する信頼を構成する要素

機械に対する信頼に関しては,「当該機械が全般的に信頼できるかどうか」という観点と,「特定の作動結果について信頼できるかどうか」という観点とを区別する場合がある.これまでの議論全体は,「特定の機械が信頼できるかどうか」という観点からのものであった.これは,例えば警報システムや意思決定支援システムが提示した警報や意思決定支援を信用してよいかどうかを改めて判断しなければならないときに,問題となる.

「特定の作動について信頼できるかどうか」を判断するに当たり,Meyer(2001)は,明確に区別するべき以下の2事項を指摘している.

① コンプライアンス(Compliance):システムから提示された情

報が正しいと承認すること．

② リライアンス(Reliance)：システムから情報が提示されるであろうと期待して待っていること[12]．

上記の2つを区別することで，システムの「誤報」(警報を出すべきではないのに警報を出してしまうこと)と「欠報」(警報を出すべきなのに出すことに失敗してしまうこと)の影響の違いを区別できる．

システムの「誤報」を経験することでユーザーはコンプライアンスを低下させる．そして，次に警報が出された場合に，ユーザーはその警報の正確性をそのまま受け止めないようになる．例えば，出された警報が正しいかどうかを，周囲の状況を観察することで確認しようとする．ただし，「本当に警報を出すべき状況では，問題なく警報は出てくれるだろう」との期待(リライアンス)は失われない．

逆に，システムの「欠報」をひとたび経験すると，「システムだけに任せていてはだめだ」と思うようになり，自分自身でも状況を判断しようとするようになる．すなわち，リライアンスが低下する．このとき，警報が提示された場合，誤報の経験はないので，「提示された警報は正しい」と判断し，直ちにアクションをとる．

以上のように，誤報と欠報が，コンプライアンスとリライアンスにそれぞれ影響をもたらすことについては，さまざまな実験で確認されている．例えば，自動車の追突警報システムを対象とした実験で，まさに誤報と欠報がコンプライアンスとリライアンスに別々に影響を与えていることが結果として示されている(安部ほか，2006)．

ただし，あまりに誤報が多すぎる場合，コンプライアンスが低下する

---

[12] Reliance という言葉は，信頼の「信」と「頼」のうち，「頼」に関する言葉として使われる．すなわち，Trust が「信」であり，Reliance が「頼」である．「頼」は，実際の行動として，機械を利用するかどうかに注目するのに対し，「信」のほうはあくまでも相手に対する心的印象である．Meyer の Compliance はどちらかといえば「信」のほうに近く，Reliance は「頼」のほうに近い．

だけではなく，ハナから誤報だと決めつけられるようになる．誤報が少ないうちは，提示された警報が正しいかどうかを，周囲の入手できる情報から総合的に判断するというプロセスが実行される．しかし，誤報があまりに多くなると，「どうせまた誤報だろう」という信念が確立していき，警報が提示されても無視されるようになる．これがいわゆる「オオカミ少年効果」で，警報システムにとっては常に懸念すべき問題である．オオカミ少年効果によって警報が無意味になるからだ．

オオカミ少年効果はさまざまな分野で実際に確認されている現象であるが，最近では，医療分野において深刻な問題の一つとなっている．永井(2016)は，医療現場における生体アラームについての調査結果を紹介している．それによると，緊急アラーム22件のうち，真に生命に危険なアラームは2件(9%)で，残りの20件(91%)は偽アラームだった．これほど多くの誤報が提示される環境では，オオカミ少年効果は顕著に表れる．永井(2016)の言い方では，「アラーム疲労」という．また，別の調査では，緊急アラームの98%について中央モニターで確認した後に解除しているという(**図2.14**)．解除後に実際に訪室したのは30%以下であったともいう．このように，多くのケースで，警報が誤報だと判断され，無視されている．

コンプライアンスとリライアンスの区別は，人と人との間の信頼関係でも，同様に重要である．以下，少し説明する．

誠実で信頼できる上司がいるとする．この人も人間なので，たまには間違えることもある．上司の指示に誤りがあるという事態をひとたび経験すれば，指示内容が正しいかどうかを自分自身でも確認するということが身につくかもしれない(そこまでを考慮に入れて意図的にミスをする上司がいるとすれば，その人は恐るべき人物だといえるが)．このようなとき，上司に対するコンプライアンスは低下している．

別の人物を考えてみる．些細なことですぐに口を出してくる人がそば

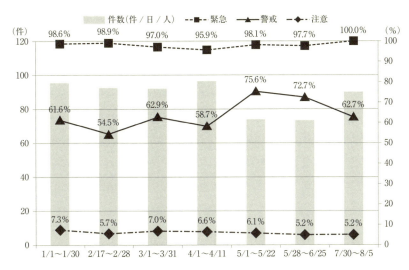

出典）永井庸次(2016)：「医療分野における規制・第三者評価とプロセス改善活動」、『品質』、Vol.46, No.1, pp. 20-27.

図 2.14 医療における生体モニターのアラーム解除率

にいた場合，だんだんその人の言うことに耳を貸さなくなる．これは一種のリライアンスの低下であり，これもオオカミ少年効果のようなものといえる．しかし，こういう人でも，たまには良いことをいうときもある．そんなとき「はいはい」と聞き流し，やっぱりうまくいかなくて，「ああ，今回はこの人の言うことをちゃんと聞いておけばよかった」と思う場合もある．このように，リライアンスの低下は，「間違ったことを言われた」こと以外の要因に起因することもある．機械への信頼で考えると，「やたらと情報が提示されて小うるさい印象を与えるもの」を想像すればよい．

　仕事のよくできる秘書がいるとしよう．大事な用事があるときは，この有能な秘書が直前にリマインドしてくれる．そういう環境に慣れていると，例えば秘書が病気で欠勤しているときに，うっかりと重要な会合をすっぽかすかもしれない．このような場合は，リライアンスが過剰な

例だということができる．

2.8 本章のまとめ

　本章では，信頼に関する基本的な言葉の定義を行うとともに，対人，対組織，対機械に関する信頼研究で信頼がどのようなものとして捉えられ，研究されてきたかを概観した．

　いずれの分野でも，信頼という概念は実に多義的である．しかし，多くの場合に共通していることとして，「信頼は相手とのかかわりあいのなかでの不確実さを低減させる機能を有するもの」であるとわかってもらえたと思う．

　信頼には，「意図への信頼」と「能力への信頼」という2つの側面があることも重要な点である．信頼は，相手とのやり取りを通じて形成された心的印象でもあり，あるいは次の行為に影響を与える要因でもあるという意味で，結果でもあり原因でもある．信頼を研究し，工学的に対処していくためには，これらの特徴の理解は不可欠である．

　次章以降で，信頼のよりダイナミックな側面に注目する．信頼がどのように醸成されるのか，あるいはどのようにして不適切な信頼に至るのかを考察していこう．

第3章

信頼の醸成

　信頼はどのように醸成されるのだろうか．本章では，その基本的なメカニズムについて考えてみたい．なお，ここでの信頼は，発達心理学的な意味での基本的信頼感ではなく，特定の機械を対象とした信頼を意味する．また，特定の作動ではなく，ある機械に対する全体的な信頼を取り扱う．

3.1　予測，確信，盲信

3.1.1　MuirとMorayの実験

　本節では，Muir & Moray(1996)の実験で示された興味深い結果を紹介したい．この実験は，今日のヒューマンマシンシステムの分野でさまざまに行われている信頼研究の先鞭をつけたものである．

　Muir & Moray(1996)では，牛乳を低温殺菌（パスチャライゼーション）するプラント（**図3.1**）における自動制御システムを対象に，「人間のオペレーターが自動制御システムに対して抱く信頼がシステムの利用に伴ってどのように変化するか」を分析している．このシステムは，コンピュータ内に構築された仮想的なシステムであるが，実際の低温殺菌プロセスがもつ特徴をうまく取り込んでいる．このプロセスは，見た目は比較的シンプルだが，アイテム間の相互作用が絡み合うので，実際に発

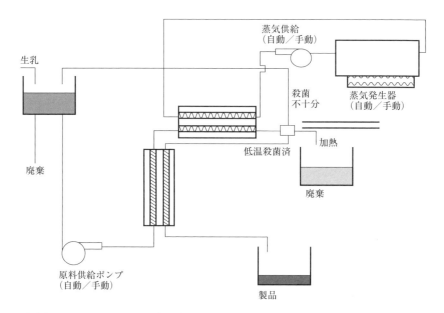

出典) Lee, J., & Moray, N. (1992)："Trust, control strategies and allocation of function in human-machine systems," *Ergonomics*, Vol.35, No.10, pp.1243-1270 をもとに筆者作成.

図3.1　PASTEURIZER

生する現象は複雑である．例えば，ポンプで牛乳を流す量を変化させるとそれが熱交換に影響をもたらすし，温度が下がりすぎて殺菌に失敗した場合はその牛乳は元のバットに戻るので，そのバットにある牛乳の温度が変化する．

このように，比較的小規模なシステムでありながらも，現実のプロセスがもつ非線形性や複雑さをある程度内包させたコンピュータ上の世界は，マイクロワールド(micro-world)と呼ばれる(Itoh ほか，2004)．

現実のシステムを対象とすると実験装置の組み上げは大変だし，実際にそのシステムを操作できるようになるまで場合によって数年を要することもあるので，人と機械の協調に関する実験や研究を効率よく行うために，マイクロワールドを用いるアプローチがしばしば採用されてきた．

この実験では，自動化システム（特に，ここでは牛乳を熱交換器に流すためのポンプの自動制御システム）に対する信頼を計測するため，以下のような質問項目を設け，1試行ごとに実験参加者に尋ねている．

① 予測(Predictability)について

それぞれの時刻で，ポンプの動作はどの程度予測できるか(To what extent can the pump's behavior be predicted from moment to moment?)

② 確信(Dependability)について

この仕事をなしとげるために，このポンプにどの程度頼ることができるか(To what extent can you count on the pump to do its job?)

③ 盲信(Faith)について

将来においてこれまでとは異なる状況に面した際に，このポンプがどの程度その状況に対処できるか(Your degree of faith that the pump will be able to cope with other system states in the future.)

④ 総合的な信頼について

総合的にこのポンプはどの程度信頼できるか(Your overall degree of trust in the pump.)

第2章で見た社会心理学的研究では，多数の質問項目で一つの信頼を評価する尺度を用いていたが，ここではそのようなアプローチはとらず，一つの次元につき一つの質問を答えさせるという方法をとっている．社会心理学者がこのやり方を見たら違和感を感じるかもしれないが，数十にものぼる質問項目について，1回のトライアルのたびにすべて答えさせた場合，実験参加者が多大な労力をかけなければならなくなるため，現実的には必ずしも厳密な尺度を用いることが適切であるとは限らない．また，一般にこのような簡略化した方法で致命的な問題が生

じることは経験上ない．信頼の基本的な特性については，他の多くの研究によって同様の結果が得られることが確認されている．

上記の質問について，この実験では，いわゆる Visual Analog Scale (VAS) を用いている．VAS とは，適当な長さの線分 (この実験では，100mm) を物差しとして使って，実験参加者がそのときの心象を長さで表すものである．この実験では，左端に「まったくそうではない」(None at all, あるいは Not at all)，右端に「非常に高い」などと表記された VAS を用いている．例えば，**図 3.2** に，総合的な信頼についての VAS を表している．左端が「まったく信頼できない」，右端が「完全に信頼できる」という意味をもつ．このとき，信頼の度合いを，左端から✔のあるところまでの長さで表現する．

このようにして，実験参加者がポンプの自動制御を経験する試行ごとに，ポンプの自動制御システムに対する信頼感を尋ねていった．総合的な信頼は経験とともに徐々に変わっていくと考えられるが，そこで問題となるのは，「総合的な信頼はどの要因(変数)で説明できるだろうか」ということである．

総合的な信頼 (Overall Trust) は，予測 (Predictability)，確信 (Dependability)，盲信 (Faith) に関する評価の関数 f として説明できると考えてよいだろう．つまり，以下のように書けるはずである．

$$Overall\_Trust = f(Predictability, Dependability, Faith)$$

Predictability, Dependability, Faith の線形結合として表現できると考えると，以下のようになる．

$$Overall\_Trust = A * Predictability + B * Dependability + C * Faith$$

まったく信頼できない　　　　　　　　　　　　　　完全に信頼できる

図 3.2　Visual Analog Scale

(ただし，A, B, C は定数)

Muir & Moray(1996)は，データをもとにステップワイズ法による重回帰分析を行った．ただし，実験中，ポンプ使用の初期，中期，後期に分けて重回帰分析を行い，それぞれの場面で寄与する変数がどのように異なるかを調べている．その結果，ステップワイズ法によって残された変数は，以下のようになるという結果が得られている．

① 初期：Faith
② 中期：Faith と Dependability
③ 後期：Predictability

もともとの Rempel ほか(1985)のモデルが予言する結果とは，まったく逆の結果となっていることに注意が必要である．

Rempel ほか(1985)のモデルは，人と人とのパートナーシップでは，まず相手の予測可能性を把握し，次に「その相手が自分にとって頼る価値があるかどうか」を判断し，最終的には「未知の状況で頼りにできるかどうか」を判断することを示唆している．このため，支配的な要因が時間とともに Predictability，Dependability，Faith の順で変わっていくだろうと思われていた．

これに対し，上記の Muir & Moray(1996)の結果はまったく逆の向きとなっている．このことについて，Muir & Moray(1996)は，その理由をさまざまに検討しているが，実際のところ何が原因となったのかははっきりしていない．

3.1.2 相手を信頼できるかどうか判断するためには，まず信頼してみる以外に手はない

Muir & Moray(1996)の結果は，ヒューマンマシンシステムの分野において，実はほとんど問題視されてこなかった．Muir & Moray(1996)以降，「信頼の次元」についての議論はほとんどなされていないのが実

際である．しかし，筆者にとっては，もう20年来頭に引っ掛かっている問題である．

詳細については次章で改めて議論するつもりであるが，筆者の解釈としては，むしろMuir & Moray(1996)のような結果になることが正しいのではないかと思われる．その理由は，逆説的であるが，「相手(機械)が信頼できるかどうかを判断するためには，まず相手(機械)を信頼してみる以外に手はない」からである．仕事を任せられるかどうかを判断するためには，まず仕事を任せてみて，その様子を見て判断するしかない．実際，Muir & Moray(1996)も，「自動化システムが信頼を獲得するためには，自動化システムが制御ループに入っていなければならない」(The automation must be in the control loop for trust to grow.)と明確に述べている．この意見に筆者も賛成である．

例を挙げて考えてみよう．誰かを新しく雇用するような場合は，まさに上のような状況が起こる．初めて会ったばかりで，第一印象は悪くはないものの，かといって本当に仕事を任せるに足る人物であるかがわからないということがある．このような場合には，例えば試用期間を設けて，その間の働きぶりを見てから本当に雇用するかどうかを判断するということが行われる．ここでの試用期間は，「仮に信用できる人物であると仮定してみて，仕事を任せる」ということであるから，「まず信頼をしてみる」ところから入る．このような例を考えてみれば，初期においてはまず盲信(Faith)が重要な次元であることは納得のいくことである．ただし，本当に任せられるかどうかはわからないので，確信(Dependability)は低い状態であると考えるのが自然である．機械に対する信頼についても，同様に考えられる．

図2.8の信頼の構造モデルを用いて，「まずは盲信(Faith)するが，確信(Dependability)は低い」という状況を表現してみると，図3.3のようになる．

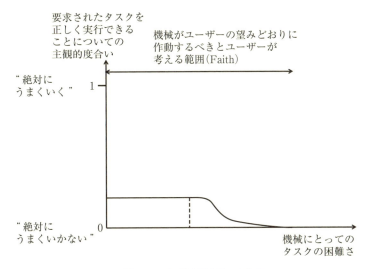

図3.3 まずは信頼してみる

　機械に対する信頼が図3.3の状態であるとき，どのように信頼を醸成していけばよいのだろうか．従業員を雇う場合は，まず試用してみるのである．この場合，失敗のリスクが小さくないから，失敗があっても致命的な事態にならないよう，まずは簡単な仕事をさせてみるのが普通である．機械の場合も，まずはごく簡単な状況で機械が期待する動作をするかどうかを確認する．そうした簡単な仕事を確実にこなせると確信した後に，「もう少し難しい仕事でも大丈夫だろう」と困難さのレベルを挙げていく．これは，図3.4のように表現できる．

　図3.4は，あくまでも概念的な信頼の醸成プロセスであるが，「タスクを任せられると感じられる範囲が経験を通じて徐々に広がっていく」という現象は，実験的にも確かめられている(伊藤ほか，2003)．信頼が醸成していくプロセスでは，こうした「確信(Dependability)の広がり」が起こることから，その期間中に「確信」が信頼感の支配的な要因になると考えるのはごく自然なことである．そのため，Muir & Moray

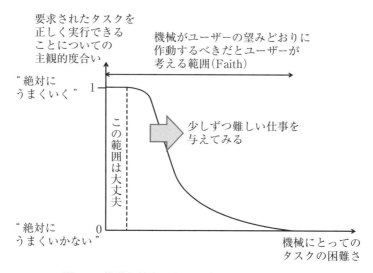

図 3.4 簡単な仕事を任せて確信を蓄積していく

(1996)の実験で現れたような，「まず Faith があり，次に Dependability が重要となる」というステップは合理的なものだといえる．

確信(Dependability)の範囲が広がっていくと，どこかで能力の限界を悟るようになる．すなわち，「これくらい厳しい状況ではもはや処理できなくなる」ということがわかってくる．このときに，任せられる部分，任せられない部分がはっきりするので，システムの挙動が全般的に予測可能(Predictable)になる．こうして，信頼醸成の最終段階で予測(Predictability)が重要な要因になることもごく自然に納得できる．

以上を総合して考えれば，Muir & Moray(1996)の実験結果は，起こるべくして起こった結果だと，筆者には思える．

さらに一つ付言しておきたいことがある．人と人との間の信頼感，特に，上司が部下を信頼するというような文脈で，部下の能力が徐々に成長していくことを忘れてはならない．上司が部下に徐々に難しい課題を与えてそれを乗り越えさせることで，部下は成長し，能力を向上させ

る．その克服の仕方，能力の向上の様子を見て上司がさらにその部下を強く信頼するようになるという好循環が起こる．このように，上司の信頼と部下の成長とは相互に密接に関連しあう（これを，「信頼と成長の相互作用」と呼ぶことにしよう）．しばしば引合いに出される，「部下を困らせて，知恵を出させる」というものも，この信頼と成長の相互作用に関連しているように思われる．ただし，この場合，頑張って何とか乗り越えられる程度のハードルをいかにうまく設定するかが重要である．

　数学者の岡潔は，「数学上の大発見をするには，いったん完全に行き詰ることが必要である」という意味のことを述べている（帯金，2003；高瀬，2008）．実際，岡の人生を見ると，出版された論文は生涯にわたって約10編ほどであるのに，それらのほとんどが驚くべき数学上の大発見をもたらしたといわれている．その発見に至るためには筆者のような凡人には想像もつかない大変な努力があったようである．

　しかし，一般の人々にとっては，まったく出口の見えない迷宮，あるいはまったく超えることのできない壁に出会ったときに，もはや諦めざるをえない．かといって，簡単すぎる迷路，容易に乗り越えられる壁では，成長にはつながらないだろう．リハビリの分野では，成功率60％程度の難易度で課題を設定すると，その効果が大きいという指摘もある（Wada & Takeuchi, 2008）[13]．

　人と人との信頼関係の醸成は，できないかもしれない仕事を任せて，成功させて，それによってさらに信頼が拡大するというパターンだけではない．特に年齢の高い上司と若い部下の場合，仮に一つの仕事が失敗に終わったとしても，それによって得た経験にもとづいて部下の能力が高まるということは十分にありうる．筆者の個人的経験では，どちらかといえば，成功体験は少なく，失敗経験ばかりで，辛抱強く待っていた

---

[13] 成功率に合わせて報酬を与えて学習を強化させる方法は，パーセンタイルスケジュールと呼ばれる．

だいていた上司に感謝してしすぎることはないくらいである．筆者は，今はどちらかと言えば「上司」のポジションにある（相手は学生であるが）．学生が失敗をしても，「失敗を糧にして乗り越え，成長してくれればよい」と思えるような教員になりたいと考えているが，現実にはイライラさせられて，「あんな奴信用ならん」と決めつけてしまいがちであることに日々反省をしている．

話を元に戻そう．人間を相手にする場合，まずは信頼してみる．場合によっては相手が困り果てるような難題を課してみて，それを（結果が成功かどうかはともかく）相手が乗り越えることを通じ，信頼感を高めると同時に相手の能力も高まるので，さらなる信頼感の拡大へとつながる．このような「信頼と成長の相互作用」があると考えられるのであった．この結果，もともともっていた相手への盲信（Faith）の範囲が，さらに拡大していくこともある（図 3.5）．

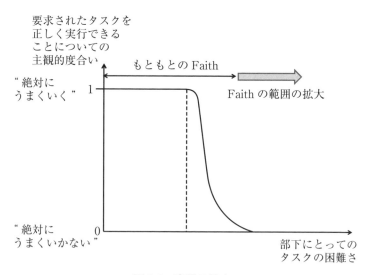

図 3.5　盲信の拡大

3.1.3 機械に対する期待（盲信）が過度に膨らむと問題が起きる

　機械の場合も，まずは「信頼してもらって使ってみてもらう」ところから始める必要がある．ただし，信頼して難しい課題を与えても，「機械が克服して機械が成長する」ことは，通常は考えられない．ここが，人間に対する信頼と，機械に対する信頼が異なる点である．

　「相手が成長しない」という前提であるにもかかわらず，「もっとできる，もっとできる」と期待（盲信）をどんどん膨らませてしまうと，困ったことが起こる場合がある．例を挙げてみよう．

　1999年に茨城県東海村で，原子力の臨界事故が発生した．これは，高濃度ウラン燃料の加工プロセスで発生した事故である．この事故について，作業内容の変遷を調査した文献（田辺ほか，2001）によると，臨界事故に至るまでの経緯は**図 3.6** のようであったとされる．作業の途中で臨界状態にならないための措置がさまざまにとられており，いくつかの臨界安全境界を超えない限り事故は起こらないはずであった．

　ここで，臨界安全境界は，図3.6 にあるように，「機能的な臨界安全境界」と「規制上要求される臨界安全境界」とに区分される．さらに，それぞれが，以下のような臨界安全境界をもつ．

① 機能的な臨界安全境界
　（ア）　形状制限
　（イ）　質量制限
② 規制上要求される臨界安全境界
　（ア）　ユニット質量制限
　（イ）　溶解—沈殿の一連の工程を1バッチ管理

　規制上要求される臨界安全境界を乗り越えたとしても臨界は発生しない．質量制限を守っていれば臨界は起こらないし，仮に質量制限を破ったとしても，正しい装置を使っていれば，装置の形状で臨界が発生しないような工夫がなされていた．

82　第3章　信頼の醸成

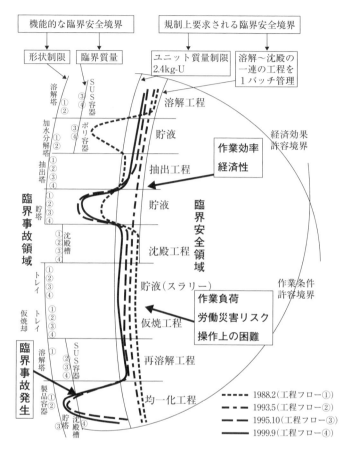

出典）　田辺文也，山口勇吉(2001)：「JCO 臨界事故に係わる作業実態の分析」，
『ATOMOΣ』，Vol.43，No.1，p.54，日本原子力学会．

図 3.6　臨界事故に至るまでの作業工程の変遷

　この燃料加工は，高速増殖炉「もんじゅ」を対象としたものであるため，数年に一度しか発注されない特殊なものであった．それぞれの回では，作業の能率を改善するため，少しずつ臨界安全境界を乗り越えるような作業方法の変更がなされていた．どのようにそれが変化したかが，図 3.6 中の実線や点線・破線などで表される曲線で表現されている．

例えば，加水分解塔における「貯液」の工程では，1988年の作業ですでに1バッチ管理の臨界安全境界が破られている．貯塔における「貯液」の工程では，95年，99年にも1バッチ管理の臨界安全境界が破られている．95年の均一化工程では，質量安全境界も破られている．1999年の臨界事故は，こうした背景があって発生したものである．

　この事故についてはすでにさまざまな議論が行われてきたが，安全を確保するためのさまざまな措置を盲信して，「もう少しこうやっても大丈夫，もう少しこうやっても大丈夫」という風に作業工程の変更を通じて，事故に至ったという点は否めないであろう．これを，信頼の観点から考察すると，やや強引かもしれないが，「成長しない機械に対する盲信を強めていってしまって，結果的に事故に至った」という言い方ができる．鈴木(2004)は，「トラブルは3H(Henka(変化)，Hajimete(初めて)，Hisasiburi(久しぶり))で起こりやすい」と指摘している．臨界事故は，まさに，「変化」と「久しぶり」の影響が大きい．

　将来的には，自身で成長していくような機械を考えることは可能である．後に議論するが，映画「チャッピー」に出てくる警察ロボットのチャッピーは，はじめは赤ん坊同様であるが，徐々に学んで成長していく．このような機械を対象とする場合は，成長を前提とした人と人との間での信頼関係のモデルを考えていく必要が生じるであろう．

3.2　信頼を下げる要素

3.2.1　総合的な信頼感の時間変化とその要因

　3.1節では「信頼が時間とともにどのように変化するか」について，「主要な次元がどのように変化するか」という観点から主に考察してきた．

　本節では，「総合的な信頼感が時間とともにどのように変化するか」

「その変化を規定する要因(変数)は何か」という問題を考えよう．ここで，Muir & Moray(1996)と並び，信頼研究のエポックメーキングとなったLee & Moray(1992)の研究をもとに説明していく．

Lee & Moray(1992)では，Muir & Moray(1996)と同じように，牛の低温殺菌に関するマイクロワールド(Pasteurizer)を用いた実験を行っている．この実験では，Muir & Moray(1996)と同じように，予測(Predictability)，確信(Dependability)，盲信(Faith)の各次元でも主観評価をとっているが，なぜか分析では総合的な信頼(Overall Trust)のみを用いている．なお，この実験では，VASではなく，**図 3.7** に示すような，1 ～ 10 までの10段階のリッカートスケールを用いている [14]．

この実験では，途中でポンプの自動制御システムに不具合が発生する．ポンプの実際の流量が，オペレーターもしくは自動制御システムの設定値よりもずれてしまうという不具合をここでは想定している．実験は一人につき3日間行うのであるが，2日目の途中で一回単発的な不具合が発生する．また，3日目はすべての試行で不具合が発生している．設定値と実際の流量との差は，設定値に対して15％，20％，30％，35％の4種類があり，どれを経験するかは実験参加者によって異なる．

この総合的な信頼がどのように変化するかについて，各試行における信頼の主観評価の平均値をプロットしたのが**図 3.8** である．この図から，さまざまなことがわかる．

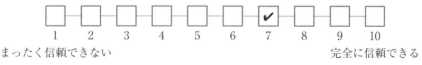

図 3.7　信頼感のリッカートスケール

---

14)　VASかリッカートスケールのどちらを使うべきかについて，特段決まったルールはないように思われる．状況によって，使いやすいものを使えばよい．

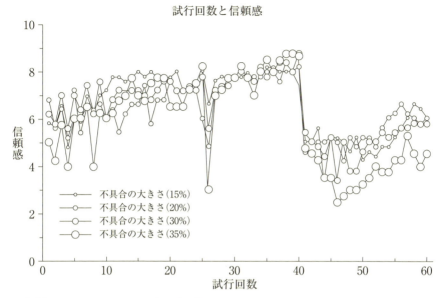

出典） Lee, J., & Moray, N. (1992): "Trust, control strategies and allocation of function in human-machine systems," *Ergonomics*, Vol.35, No.10, pp.1243-1270.

図 3.8 信頼感の時間変化

　各プロットは実験参加者間の平均値であるにもかかわらず，ごく初期の段階（概ね試行回数 20 くらい）まで，信頼感の主観評価は試行ごとに高くなったり低くなったりするなど，ばらつきが著しい．それでも，全体的には，右肩上がりで徐々に信頼感が増してきていることがわかる．この期間がまさに，信頼が醸成しつつあるプロセスである．

　試行 25 のすぐ後に，いったん「信頼感」が下がっている箇所がある．ここではポンプの不具合が一時的に発生しているので，「システムの不適切な動作を経験すると，主観的な信頼感は直ちに下がる」ことがわかる．このことは，これ以降に行われた機械に対する信頼研究（安部ほか，2000；伊藤ほか，1999；高江ほか，2000 など）でほぼ一貫して見られてきた傾向である．また，不具合が解消されると，「信頼感」も徐々に回

復していく．ただし，不具合経験前と比べると，上昇の程度はやや抑えられ気味になる．

不具合が継続的に入っている場合には，「信頼感」は著しく低下するが，その不具合が対処可能なものであれば，全体としての「信頼感」は低いものの，徐々に向上していく．

本実験の場合，ポンプの実際の流量に含まれる誤差が，設定値に対する割合で決まっていたので，実験参加者はシステムがどう動作するのかを理解・予測するのが容易であった．Muir & Moray(1996)の次元でいえば，確信(Dependability)は低いが，予測はしやすい(Predictability)ことで，信頼感を回復することが多少なりともできたのである．

Lee & Moray(1992)は，この実験結果にもとづいて，総合的な信頼のこうした動的な変化を説明するモデルの構築を行っている．ここでは，ARMAV(Auto Regressive Moving Average Vector form)モデルを利用している．その結果として，試行回数 t における信頼感の度合い $Trust(t)$ は，次式の1次遅れモデルで表現できることがわかった．

$$Trust(t) = 0.570 * Trust(t-1)$$
$$+ 0.062 * Performance(t) - 0.062 * 0.210$$
$$* Performance(t-1) - 0.740 * Fault(t) + 0.740$$
$$* 0.400 * Fault(t-1)$$

$Performance(t)$ とは，試行回数 t における作業成績(連続量)であり，$Fault(t)$ とは試行回数 t におけるポンプの不具合の発生(0：不具合なし，1：不具合あり)を表す変数である．

このモデルは，現在の試行の作業成績がよい場合，それが信頼感の向上につながることを意味している($Performance(t)$ の係数が正であるので，$Performance(t)$ の値が高いほど，$Trust(t)$ が高い)．逆に，$Fault(t)$ があると，信頼感が低下することもわかる．これらはごく当たり前といえる．$Performance(t-1)$，$Fault(t-1)$ の係数の符号がそれぞれ

Performance(t), Fault(t) の係数の符号と逆になっているのがやや不思議な感じがするが, 以前に起こった結果が現在の Trust にもたらす影響を徐々に小さく抑えていく効果であるといえよう.

以上の結果をまとめると, 信頼感は, 直前の信頼感のレベルを基準にして少しずつ上がったり下がったりするものであるといえる. 当該の機械を利用して得た成功体験は信頼感を向上させるが, 失敗経験は信頼感を低下させる. ただし, その後の成功経験は, 比較的速やかな信頼感の回復をもたらす. 不具合がずっと続く場合であっても, それが対処可能なものである場合には, 機械を利用することの経験を通じて信頼感は徐々に回復していく. ただし, その信頼感は, 不具合経験前のレベルまで回復するとは限らない.

伊藤ほか(1999)は, Lee & Moray(1992)の成果にもとづいて, 信頼感のダイナミクスについての研究を行った. この研究では, 図 3.9 に示すマイクロワールド SCARLETT を用いた実験である[15]. SCARLETT は, 集合住宅へのセントラルヒーティングシステムである.

この実験では, SCARLETT に発生している不具合を検知して, 警報の提示, システムの自動停止などを行う自動制御システムが稼働している. 実験参加者は, この自動制御システムをうまく利用しながら, 安全かつ効率的な熱供給を行うことを課されている.

実験では, 一回の試行終了ごとに, 図 3.10 に示す 0 〜 10 の値をもつ VAS を用いて総合的な信頼の主観評価をさせている. これは, コンピュータ画面上に表示され, 実験参加者は▼をマウスでドラッグすることで, 評定値を与えることができる. 図 3.10 では, 信頼の度合いは 2

---

15) この研究は, 筑波大学の TARA プロジェクトとして行われた. このときの共同研究者の遊び心により, SCARLETT という名前がつけられた(「風と共に去りぬ」における Scarlett O'hara のふるさとが Tara であることによる). ちなみに, SCARLETT は, Supervisory Control And Response to Leaks : Tara at Tsukuba のアクロニムである. SCARLETT では, 配管から水漏れが起こることがある.

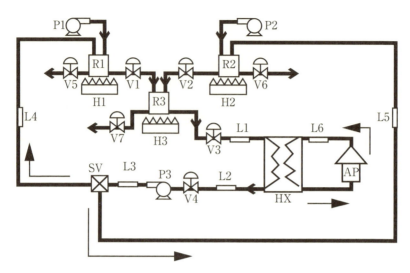

P1
P2
R1
R2
R3
V5
V1
V2
V6
V7
V3
V4
H1
H2
H3
L4
L5
L1
L6
L3
L2
SV
P3
AP
HX

出典）　伊藤 誠，稲垣 敏之，Neville Moray（1999）：「システム安全制御の状況適応的自動化と人間の信頼」，『計測自動制御学会論文集』，Vol.35，No.7，pp.943-950.

図 3.9　SCARLETT

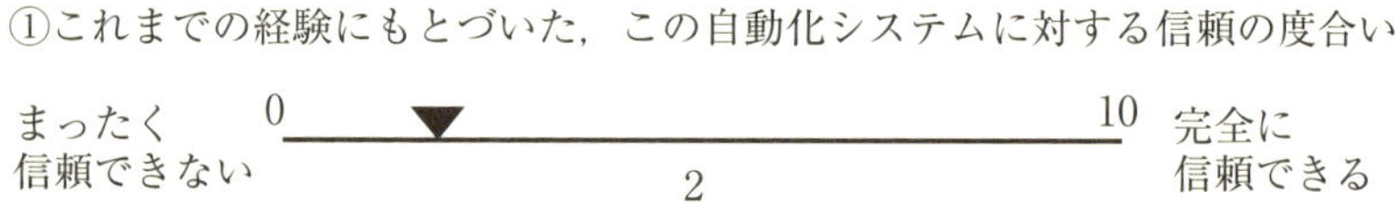

①これまでの経験にもとづいた，この自動化システムに対する信頼の度合い
まったく
信頼できない
0
10
2
完全に
信頼できる

出典）　伊藤 誠，稲垣 敏之，Neville Moray (1999)：「システム安全制御の状況適応的自動化と人間の信頼」，『計測自動制御学会論文集』，Vol.35，No.7，pp.943-950.

図 3.10　SCARLETT における VAS

となっている．

実験の結果を用いて，ARMAV を用いて Trust のダイナミクスをモデル化したところ，以下のような結果を得た（Moray ほか，2000）．

$$
\begin{aligned}
\mathrm{Trust}(t) = {} & 0.028 * \mathrm{Reliability} \\
& + 0.69 * \mathrm{Trust}(t-1) \\
& - 1.01 * \mathrm{False_Diagnosis}(t)
\end{aligned}
$$

$$- 0.33 * \text{False\_Diagnosis}(t-1)$$
$$- 0.46 * \text{Disagree}(t) - 0.32 * \text{Disgree}(t-1)$$

ここで，Reliabilityは，自動制御システムによる状況判断が正しい確率であり，本実験では，100％，90％，70％の場合がある．False_Diagnosisは，システムが状況判断を誤った場合に1，状況判断が正しい場合には0の値をとる．したがって，システムの状況判断が誤った場合には，Trustを下げることになる（係数の符号が負であるため）．

Disagreeは，少々特殊である．これは，システムの状況判断と，人間の状況判断とが食い違うことを意味する変数である．食い違いがある場合に1，食い違いがない場合に0の値をとる．この結果は，非常に興味深いことを意味している．すなわち，システムの状況判断が正しくて，人間の判断が間違っている場合であっても，その食い違いがある場合には，システムに対する信頼は下がることになる．

システムが正しく，人間が間違っているにもかかわらず，システムが信頼を失うというのはゆゆしき事態といえよう．このような事態をできるだけ少なくしようと思ったら，人間が間違っているということを人間自身が納得できるための十分な情報が必要といえる．

3.2.2 機械が正しくても，機械に対する信頼が下がる場合

自動車で車線変更をしようと思ったときに，死角に車があって，そのまま車線変更をすると危ないというシーンを想定しよう（図3.11）．

車載の衝突回避支援システムが，死角にいる車両「A」を対象として車線変更をできなくする支援[16]を働かせたとする．これに対し，このドライバーが，車両「B」の存在を認識していて，「A」は認識できなかったとする．

---

16) 操舵にプロテクションがかかり，ハンドルを右に回せなくなる．

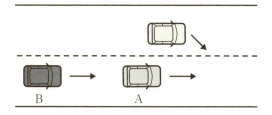

図 3.11　死角にいる車両

　このとき，このドライバーは，「確かに右後方には車両があるが，この車は自分の車から十分に離れた位置にある．いま車線変更を行っても，危ないということはないだろう」と考えて車線変更を強行したくなる．このような場合は，システムの状況判断が正しく，(A を見落としているから) 人間の状況判断は誤っているにもかかわらず，ドライバーがシステムの信頼を下げることにつながる．Itoh & Inagaki(2014) では，まさにこのような状況において，ドライバーの信頼が失われることを実験で明らかにした．

　もう一つの例として，歩行者回避の問題を考える．図 3.12 のような，片側 1 車線の道路で，歩行者が路肩から飛び出してきて，自車の前方にいるという状態である．このとき，歩行者は，ちょうど車線の真ん中にいて，自車も車線の中央を走っているとしよう．このような場面では，対向車がなければ，ドライバーは右方向へ避ける傾向があることがわかっている (田中など, 2010)．なぜかというと，仮に自車が車線中央を走っているとしても，ドライバーはそれよりもやや右側に位置したところに座っているからである．飛び出した歩行者が十分遠ければ，運転席のオフセット分の影響はほとんどないと考えられるが，歩行者が近いときには，ドライバーから見ると歩行者は左側に位置して見える．このため，右へ逃げたくなるものと考えられる．

　図 3.12 の場面で，衝突回避システムはどのような支援を提供するの

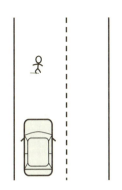

注) ドライバーからは歩行者はやや左側に見える．

図3.12　目の前にいる歩行者

がよいだろうか．

　対向車が確認できない場合でも，確認できないところに対向車がいるかもしれない可能性を考慮に入れて，システムが左側への回避を提案するものとする．この場合，人間の状況理解も，システムの状況理解も間違っているわけではない．しかし，回避すべき方向についての判断はこのように異なりうる．実際，このような判断の齟齬が生じた場合，システムへの信頼感が損なわれることがわかっている（Itoh ほか，2015）．これも，Disagree による信頼感の低下の一つの例と考えることができよう．機械の設計では，「人間と機械がそれぞれどのように環境を認識し，どのような認識の齟齬が起こりうるか」，また，「その齟齬がどのように意思決定の齟齬をもたらしうるか」を機械設計者が理解しておくことが重要である．

3.2.3　信頼をもたらす要因

　すでにこれまで見てきたことからも伺えることだが，信頼に影響を与えると考えられる要因は実にさまざまである．

　Parasuraman & Riley (1997) は，**図3.13** に示す要因間の関連図を提案

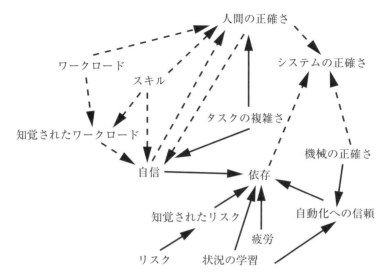

出典） Riley, V.（1996）：Operator reliance on automation: theory and data, In R. Parasuraman & M. Mouloua（Eds.）, *Automation and human performance: Theory and applications*（pp. 19-35）, Hilsdale, NJ: Erlbaum.

図 3.13　信頼(trust)をめぐる概念の関係図

している．信頼（Trust）が主なターゲットだというわけではないが，いずれにしても信頼をめぐるさまざまな要因の関連が想定されている．これらのうち，実線で表現されている関係は，実験データによる支持があるものである．これに対し，破線の関係は，因果関係が想定されるが，検証に至っていないものである．残念ながら，信頼の概念をめぐる要因間の関係については，今日まで十分な検証が行われていない．

ただし，Lee & Moray（1994）は，自動制御の使用（Reliance）の度合いが，システムへの信頼（Trust）とオペレーター自身の自信（Self-Confidence）の差に依存することを，実験によって示している．図 3.14 は，その一例の概念図を示す．

図 3.14 の横軸は，信頼と自信との差（Trust – Self-Confidence, T-SC）を表す．縦軸は，自動化システムを利用した割合である．T-SC が正の

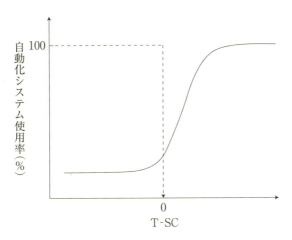

図 3.14　信頼（Trust）と自信（Self-Confidence）との差が，自動化システムの利用の度合い（% Automatic）を決定する

値である場合，その値が大きいほど，自動化システムを利用する割合が高いことがわかる．これは，オペレーター自身のスキルに対する自信と比べて，自動化システムに対する信頼の度合いが高い場合，自動化システムを利用したほうがよいと判断されることを意味する．逆に，オペレーターに自信があり，自動化システムへの信頼がそれほどまでに高くない場合，手動制御を選択する傾向がある．

3.3　本章のまとめ

　本章では，信頼の醸成のメカニズムについて，重要な研究を紹介する形で説明を行った．機械に対する信頼は，機械の作動の成功体験を通じて徐々に醸成していくものである．これに対し，機械の失敗や，機械の作動に納得がいかない場合には，信頼は一気に下がることが確認された．日常生活の経験上，しばしば「信頼を得るのは大変だが，失うのは一瞬である」と指摘されるが，信頼研究の成果はこのことを裏付けるも

のである．

　また，本章では，信頼を損ねる要因についても，見えてきたものがある．機械が失敗をすれば信頼を失うのは当然であるが，失敗をしていないにもかかわらず，人間が同意できない作動をした場合には，信頼を失うことがある．このことについては，人間の側の不理解が本来は問題なのであるが，機械の動作原理をすべて人間が理解することが前提にできないことから，不理解を必ずしも責めるわけにはいかない．

　ここで，人間に納得してもらえるための何らかの工夫が必要であるのだが，どのようにすればよいのか．その適切な解を見出すのは難しいが，解を見出すための手がかりとして，「信頼の喪失」「不適切な信頼」に関する詳細な検討が必要である．

　よって，次章では，「信頼の喪失」「不適切な信頼」に焦点を当てて考察していこう．

第4章

信頼を失うとき

　物をつくるメーカーにとっては，つくった製品が世の中で適切に信頼され，利用されることが望ましいが，場合によっては適切な信頼を得ることができないこともある．

　本章では，「適切な信頼とは何か」について考察する．

4.1　過信と不信

　適切でない信頼には，過信(Overtrust)と不信(Distrust)がある．本書では，「不信をいかに防いで信頼を獲得するか」が主たるテーマであるが，過信をされることも困った事態であるし，不信を考えるためにはまず過信の問題を考えておく必要があるため，まずは過信について議論する．

4.1.1　過信の形態1：盲信が機械の能力限界を超えている

　過信とは，信頼が過度な状態をいう．具体的にそれがどのような状態であるかを，第2章で論じた信頼の構造モデルにもとづいて考えよう．

　まず，盲信(Faith)が，システムの能力の限界を超えているということが，過信の一つの前提である(図4.1)．

　なお，図4.1において，「設計上の動作限界」ではなく，「機械の本当

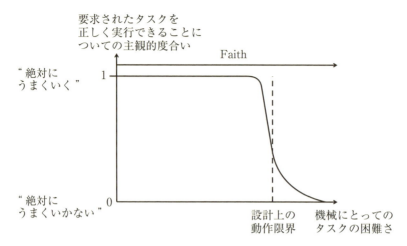

図 4.1　過信の形態 1：盲信が機械の能力限界を超えている

の限界」を比較対象にする場合もある(Itoh & Tanaka, 2000).「設計上の動作限界」は，安全を見越して，「本当の限界」よりも手前側に設定されているのが普通だと考えられるからである．この意味で，本当に踏み越えてはいけないのは，「機械の本当の限界」のほうである(**3.1.3 項**の臨界事故の事例を思い出そう).ただし，現実の「機械の本当の限界」は，明確な線引きができる場合ばかりではないと考えられる．これは，少々ややこしいので本書ではこれ以上論じない．

図 4.1 は，機械がもっている能力を超えた範囲を含む「盲信」をもっているのが特徴である．すなわち，「期待が大きすぎる」といってよい．このように「期待が大きすぎる」場合には注意が必要である．しかし，実際に機械の能力を超えたところで機械にタスクを委ねても，実際にはうまくいかないため，機械の能力を超えたところで「確信」が確立することはない．

過信の例として，もう一度，臨界事故の事例を考えてみよう．

この事例では，作業者，もしくは管理者の心の中に，「この装置は安

全対策が十分に施されているから，規定に外れたどんな作業を行っても臨界事故が起こることはないはずだ」という期待があったと考えられる[17]．これは，図 4.1 の一つの例といえる．

次に，自動車の ACC の例に当てはめて考えてみると，「ACC は先行車減速のあらゆる場合に対して安全な減速制御を行ってくれる」というような期待（盲信）を抱いているのが図 4.1 であると解釈できる．実際には，ACC が実現できる減速度には上限があるので，ドライバーが ACC に頼ることができるのは，その上限の減速度で対応できる状況の範囲内に限定される．

ここで問題なのは，どの程度の減速度が実際の上限に当たるのかをドライバーが正しく理解するのが難しいことである．自動車の運転に当たっては，例えば「0.2G で減速して止まろう」などという風に考えて行動しているわけではないのがふつうである（プロのドライバーならそこまで考えて運転している人もいるかもしれないが）．したがって，「ACC の減速度の上限は 0.4G です」といわれたとしても，それがどれくらいであるかを本当に理解できる人は少ない．

実際，0.4G ほどの減速が必要な場面では，先行車の接近が著しいので，「システムに任せていて大丈夫かどうか」を考える間もなく，怖くてたまらずにブレーキを踏むという行動をとる人が多い．筆者がドライビングシミュレーターで行った実験（伊藤，2009）では，ACC の減速度の上限を上回る減速度が必要な状況において，ほとんどの人が自分自身でブレーキを踏むことができていた．この実験では，実験参加者は ACC の減速度の上限がどの程度であるかについて，体感した経験はほとんどなかった．

---

[17] 一般的には，臨界という事象自体を知らなくて，危険な作業をしてしまうということはありうるが，少なくとも現場のマネージャレベル，あるいは管理者層においては，臨界という事象があるということは認識していたであろう．

この実験結果から，先行車との車間が急激に狭まるような場面では，「ACCシステムに頼ることができるかどうか」という信頼の議論以前に，接近している事実自体が実験参加者に怖さを感じさせ，自分でブレーキを踏もうとする意思を起こさせるのだと考えられる．

　民間旅客機の世界でも，過信が問題となった事例はいくつかある．

　例えば，1988年にフランスで起こったエールフランス296便の事故がある．この事故では，当該飛行機を操縦していた機長が生還しており，後に手記を著しているので興味深い（アスリーヌ，1995）．

　事故は，当時最新鋭であったエアバスA320型機を，エアショーでデモンストレーションしている最中に発生した（このため，墜落の様子を撮影した動画が残っている）．A320型機の優れた性能をデモンストレーションするために，滑走路上を，ごく低空で，大きな迎え角をもって飛行していた．滑走路上空を通過して高度を回復しようとしたものの，ごく低空を飛んでいたために，機械はエンジンパワーを十分に働かさないようになっていた．こうして，高度の回復に失敗し，滑走路の先にある森に墜落したものである（というよりも，動画を見る限り，あたかも森に着陸していくかのようである）．

　A320型機は，すぐれた失速防止機能をもっており，通常は，パイロットが失速をもたらすような危険な操作をしたとしても，失速が起こらないように機体を守る（プロテクションがかかる）．しかし，この機能は，地上にごく近いところでは作動しない．着陸は一種の失速なので，地上付近で失速防止機能を働かせることはかえって危険だからである．

　事故報告書などによると，当該機を操縦していたパイロットは，A320型機が安全確保のためにもつ機能を過度に期待していたようである．このパイロットは，訓練の教官を務めるほどの優秀な人であったとされ，必ずしも知識やスキル，態度に特段の問題があったとはいえない．

　上記の事例は，過信の問題が属人的なものというよりも，誰にでも起

こりうる問題であるとことを示している．そのため，過信の問題は，工学的に解決すべき課題なのである．

なお，ユーザーが状況を誤って理解してしまうと，本当は機械の能力の限界内で適切に作動しただけなのに，あたかもシステムの能力の限界を超えたところでうまく作動したと誤解してしまうことはある（伊藤ほか，2004）．したがって，「限界は〜である」ということを伝えるだけでは，必ずしもこうした過信を完璧に抑制することはできない．

4.1.2　過信の形態2：信頼度のキャリブレーションが過剰

過信のもう一つの形態としては，図4.2に示すように，実際のシステムの信頼度（Reliability）と比べて，人間（ユーザー）が期待している信頼度（Reliability）のほうが高くなっている状態を考えることもできる．これは，「信頼のキャリブレーション（Trust Calibration）が過剰だ」という表現をされることがある（Lee & See, 2004）．

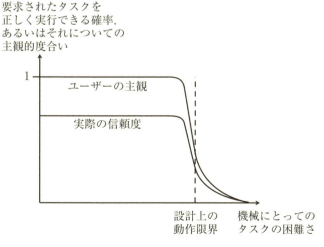

図4.2　過信の形態2：信頼度のキャリブレーションが過剰

設計上規定された動作可能条件内であったとしても，そこでの信頼度(Reliability)は常に100%であるとは限らない．偶発故障や摩耗故障のような，故障(Failure)が発生する可能性は否定できないからである．したがって，図4.2のような場合も，過信の一つの形態であると考えざるを得ない．ただし，「要求された機能を，ある規定された条件内で，ある規定された期間において実現する」ことが信頼性工学の果たすべき役割であるとすれば，図4.2のような状況で一義的に対処しなければならないのは，ユーザーというよりも製造者側であると筆者は考えているがいかがであろうか．

信頼のキャリブレーションに関して，空港における手荷物検査を対象とした実験を行ったPopほか(2015)が興味深い実験結果を示している．

実験参加者は，手荷物検査でX線画像を提示され，武器が入っているかどうかを判定することが求められている．この実験では，自動武器検出器(Automated Weapons Detector：AWD)の支援を得ることができる．また，この実験では，実験参加者の自動化システムへの一般的な依存傾向についても，AICP(Automation-Induced Complacency Potential) rating scaleという質問紙(Singhほか，1993)を用いて，併せて調査している．

上記の実験の結果，一般的に自動化システムに依存する傾向が高い人は，システムの成功・失敗(信頼性(Reliability)の上昇・減少)に対してより敏感であることが指摘されている．このことは，山岸(1998)が指摘していることに通ずる部分があるように思われる．第2章で紹介したように，山岸らのグループによる人と人との間の信頼に関しては，(見ず知らずの)他人を信頼する一般的な傾向が高い人は，信頼の是非に関わる情報により敏感であったとされる．Popほか(2015)の実験も，それとよく似た傾向を示している．

ただし，こうした結果について，筆者は少し異なった解釈をしてい

る．すなわち，「一般的な信頼傾向の高い人というのは，本書でいう盲信（Faith）の大きい人なのではないか」と考えている．実際に，「目の前にある特定の機械や他者が信頼できるかどうか」という判断は，その期待に対する満足度の度合いであると考えることができる．もし筆者のこうした想定が正しいならば，一般的な信頼傾向の高い人は，期待が大きいがゆえに，その期待が満たされなかったときの落胆が著しいと考えられる．このことについては，4.3節で改めて論ずることにしたい．

4.1.3 能力・方法・目的の次元で過信を分類しなおす

上記のように，過信には，さまざまな様態がありうる．ところで，第2章で示したように信頼のモデルも多様である．ここでは，過信の分類について，Lee & Moray(1992)の次元を用いて整理してみよう．

すなわち，信頼を，以下の次元で考える．

① 方法の次元
② 能力の次元
③ 目的の次元
④ 基礎の次元

これらのうち，「基礎の次元」は，信頼することの基礎的態度に関するものだから過信に関して問題にならない．だから，能力，方法，目的の3つの次元が過信に関して問題となる．これまでに見てきた過信の問題と対応させてみると，以下のような整理の仕方がありうる[18]．

❶ 能力の次元：信頼のキャリブレーションが過剰である．
❷ 方法の次元：盲信（Faith）の範囲がシステムの動作限界を超えている．
❸ 目的の次元

---

18) ただし，この分類の仕方は必ずしも絶対的なものではなく，一つの解釈にすぎない．

このように，Muir & Moray(1996)のモデルと Lee & Moray(1992)のモデルとは，能力―信頼度(予測と確信が関係)，方法―盲信の対応として捉えることができる．

4.1.4　過信の形態3：「目的の次元」に関する過信

「目的の次元」に関する過信としては，機械のもつ機能を誤解してしまうということを考えるとよい．一般に，人間は，機械のもつ機能を「発見する」ことができる．この「発見」された機能は，本来設計者が意図してつくりこんだものではない場合がある．

一例を挙げてみる．スマートフォンのカメラ機能(特に自撮り機能)を用いて，スマートフォンを鏡代わりにする人を街でよく見かけるようになった(図 4.3)．筆者は，ある日，電車に乗るためにホームで待っていたのだが，斜め前にいた女子高校生と思われる女性が，スマートフォンを覗き込みながら一生懸命髪の毛を触っている姿を見かけたのである．「いったい何をやっているのだろうか」と気になったのだが，まもなく，「鏡」としてカメラ機能を活用しているということに気が付いた．初め

図 4.3　鏡としてのスマートフォン

てその光景を見たので，筆者は非常にショックを受けた．やや大げさにいえば，「人間とはなんと頭のいい生き物であるか」と感動すら覚えた．

今日では，スマートフォンのカメラの自撮り機能を鏡代わりに使うのはかなり当たり前の風景になってきたし，まさにスマートフォンを鏡として使うためのアプリもある(図 4.3)が，スマートフォンの設計者は，そういう使われ方を最初から意識していただろうか．

カメラの自撮り機能を鏡として使う分には，何も問題にならないだろうが，こうした機能の「発見」あるいは「誤解」が深刻な事態をもたらす場合もある．

機械のもつ機能を誤解してしまう例を挙げてみよう．例えば，図 2.2 で示したように，ACC は停止物への制御を一切行わない．これは，ACC のもつ機能があくまでも「前方を走っている車への追従」だからである．しかし，ACC は「前方を走行する車両に追従する機能を有する」のであるから，このことから派生して ACC を「前方にいる車(止まっている車両も含む)に対する衝突の危険を回避してくれる」というように誤って期待してしまうドライバーもいるかもしれない．もしそのように期待しているドライバーがいるとすれば，彼の誤った期待が，「目的の次元」における過信だといえる．

もう一つ，大学を例に考えてみよう．大学には，教育と研究の二つの役割がある．この両者をどう考えるかについては，大学によっても違うし，同じ大学の中でも教職員によって少しずつ違うかもしれない．国内外を問わず，一部の有力大学は，研究大学として自他ともに認めている．特に諸外国では，大学の教員は大型の研究予算を獲得すると，教育に割くべき労力を誰かに肩代わりしてもらうことができ，自身は研究に没頭することが許される．また，博士課程(博士後期課程)の学生は，もはや授業料を払って学ぶ「生徒」ではなく，給料をもらって働く「職員」(プロの研究者の卵)という風に位置づけられる国もある[19]．

筆者も，外国の大学のある先生のところで博士課程(博士後期課程)に進学したいと相談したときに，「Ph.D. student を雇うカネが今はないから確約できない．受け入れるためには，まず研究予算を申請して，それに採択されることが必要だ」ということをいわれた経験がある．このような「一流の研究大学」で「あこがれのあの先生の授業を受けたい」と思っても，実はその先生は研究プロジェクトに専従していてなかなか会えないということが起こりうる．日本では今のところそういう事態はほとんど起こっていないと思われるが，今日の厳しい社会環境を踏まえると，研究に特化した大学と，教育に特化した大学というように棲み分けが進んでいく可能性はある．すなわち，手取り足取り教えてもらえるというような教育サービスを期待していたら，実はそういうサービスは提供していない大学であったということが起こりうる．

　関連してもう一つ例を挙げてみよう．今日の日本社会で起こっている大学のミスマッチの一つは，社会人再教育に関するものである．さまざまな技術が高度化し，複雑化している今日の社会においては，社会人で働きつつも，改めて勉強しなおす機会が必要となることは多い．理系，工学系では大学院進学率も高まっており，筆者の所属する学類(学科に相当すると考えてもらえばいいだろうか)では，70〜80%近くが大学院に進学するという時代である．

　このことを反映して，社会において，修士の学位をもってはいるものの，改めて勉強したいというニーズをもっている人は少なくない．このような人たちのなかには，企業で研究職に就いている人もいるので，そういう人々にとっては，博士課程(博士後期課程)に進学してさらに学ぶというのは，今後のステップアップに有用である．しかし，企業で働く技術者とはいっても，必ずしもアカデミックな意味での研究をしている

---

19)　外国の研究者に，日本の博士課程の学生は，授業料を払う「生徒」なのだというと，驚かれることも少なくない．

人ばかりではない．そのような人々は，単に最新の知識を身に付けたいのであって，研究を行う能力を高めたいというニーズをもっているとは限らない．

今日の大学における高等教育では，修士課程(博士前期課程)の次は博士課程(博士後期課程)しか実質的に道がないのが実態である[20]．やむをえず，さらに勉強したい人が博士後期課程に入学してみるという例も散見されるが，必ずしも研究をしたいわけではない人にとって，博士課程(博士後期課程)に入学するのは苦難の道である．博士課程(博士後期課程)は，博士の学位を取得するために必死になって研究をするためのものであり，片手間にちょこちょこと学んで何とかなるようなものではないからである．そうしたことから，社会人学生として博士後期課程に入ってはみたものの，やっぱりうまくいかないという事例が起こる場合がある．これは，大学というシステムがもっている機能を誤解してしまったがゆえの悲劇であるといえよう．

4.1.5 完全な信頼と過信
(1) 信頼感の主観評価で過信を測定するのはナンセンス

信頼の研究をしていると，「信頼感の主観評価がどれくらい高いと過信なのか」という質問を受けることがある．さすがに最近はこの手の質問はあまり聞かなくなってきたが，2000年当初の頃はしばしば聞かれたものであった．この質問を筆者はナンセンスだと考えている．

これまで述べてきたことから明らかなように，ユーザーがシステムの機能を正しく認識し，ユーザーが期待しているFaithの範囲がシステムの動作設計限界内に抑えられていて，システムが正しく設計・製造され

---

[20] 厳密にいえば，科目等履修生として好きな科目だけ履修をする仕組みや，履修証明プログラムといって特定の分野についてある程度体系化されたカリキュラムを学ぶプログラムもあるが，履修証明プログラムを実施している大学はごくわずかである．

ているならば，動作設計限界内で「完全に信頼する」ことがあるのは不適切な事態ではないからである(図4.4).

したがって，「信頼感の主観評価値が8を超えたら過信ですね」などというような言い方は適切ではない．

(2) 過信にならない完全な信頼とはどういうものか

過信ではない完全な信頼とは，具体的にいえば，「システムの限界を理解しつつ，使えるときはいつでも使う(心の)用意がある状態」である．例えば，食品の賞味期限，もしくは消費期限については，制度がうまく作用しているのではないかと考えられる．

筆者の妻は，消費期限表示に忠実に従っている．消費期限の期間内であれば迷うことなく食べるが，消費期限が過ぎてしまったら，迷うことなく廃棄している．賞味期限は「おいしく食べられる期間」を意味するのに対し，消費期限は「安全に食べられる期間」を表すものであるから，消費期限を過ぎたら廃棄するという態度は原則として正しい[21]．

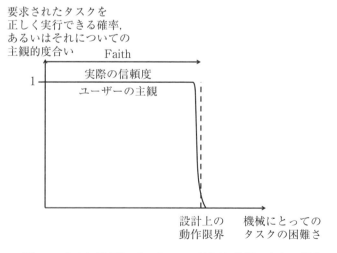

図4.4 完全に信頼しているのに，適切な信頼でもある場合

4.1.6　不信の二形態：「方法の次元」における不信

　少し遠回りしたが，不信の問題に戻ることにしよう．

　不信は，過信とは逆の意味で不適切な信頼である．過信の場合と同様に，盲信（Faith）がシステムの能力の限界と比べて著しく小さい場合，不信と呼ぶべきであろう（図 4.5）．あまりに期待されなさすぎる場合だが，過信の場合と同様に考えられるので，「方法の次元」における不信であるといえる．ただし，この意味での不信は，日常的な意味での不信とは少し違うかもしれない．もともと大して期待をしているわけではないが，その期待の範囲内では十分満足しているということはありうるからである（図 4.6）．この場合，主観評価をとってみたら，0 ～ 10 のスケールで，最高値の 10 を付ける人がいてもおかしくない．

　本書では，図 4.5 のように盲信が小さく，しかもそのなかでの満足感が十分でないものを「不信の形態 1」とよぶ．また，図 4.6 のように，盲信が小さいが，そのなかでは満足しているものを「不信の形態 2」とよぶ．

　緊急時にしか作動しないような機械なら，図 4.6 のような「不信」をユーザーが抱いていても，それほど問題にはならない．「システムに頼りすぎないという意味では，むしろよいことだ」というような議論もできる．例えば，自動車の自動ブレーキシステムを考えよう．

　これは，本来，ごくまれにドライバーの状況認識や対処の失敗によって生じる緊急事態において，最低限の安全を確保するための装置であり，エアバッグ同様，めったにその作動を経験するべきものではない．自動ブレーキシステムの実用化（商品化）に当たっては，いかにドライバーの過度な信頼や依存を防ぐかが重要な課題であった．誤解を恐れずに極端な言い方をすれば，むしろ信頼してもらわないほうがよいくらい

---

21)　実際には，「消費期限が"賞味期限"化しているのではないか」といいたくなるようなケースもあるが，ここではその問題には深入りしない．

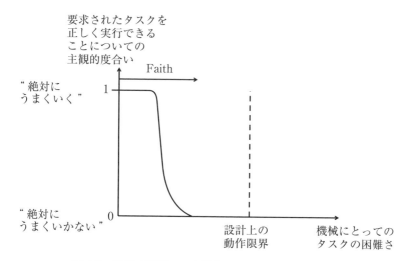

図4.5　不信の形態1：盲信(Faith)が小さすぎる場合

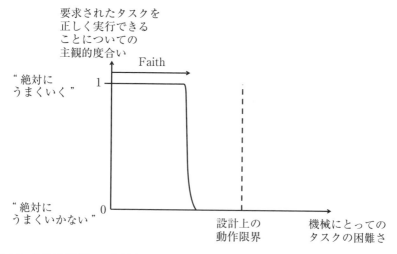

図4.6　不信の形態2：盲信(Faith)が小さすぎるが，そのなかでは十分満足している場合

である．しかし，日常的に使用されることが前提となるシステムでは，図 4.6 のような状態は好ましくない．

　これは，少々厄介な問題である．ユーザー本人は，その期待している範囲内で十分な満足を得ている．本当はシステムはもっとすごいことができるにもかかわらず．実際に，**図 4.6** のような状況に陥っている製品というのは多いのではないだろうか．せっかくよい機能をもっているのに，それを期待されておらず，使ってもらえないのである．そもそもそういう機能を欲していないということもあるかもしれない(実際，筆者の知人は，ACC が搭載されている車を所有しているが，使ったことがないという)．しかし，ユーザーがその機能を欲していて，利用しているにもかかわらず，能力を過小評価されているということもある．

　上司と部下の関係で考えると，同じような問題がよく起こるように思われる．部下の能力を低く見誤っているために，ごく簡単な仕事しかさせない．それでいて，「うちの部下は能力が低くて，こんな仕事しかできない．いわれたことをちゃんとやってくれるのはいいのだけれど……」と嘆いている上司はいないだろうか．

　機械の例でいうと，ドライビングシミュレーターなどのシミュレーター・シミュレーションシステムは，そのポテンシャルに比して軽視される傾向があるように思える．

　筆者は，自動車に関する研究を行う際，実際の車両ではなく，ドライビングシミュレーター(例えば，図 4.7 のようなもの)を用いることが多い．シミュレーターを使って研究をしている立場からすれば，実車とまったく同じ運転行動をシミュレーター上で再現することは確かに不可能ではあるが，危険の感じ方やそのときの対処など，実世界での振る舞いと整合するドライバーの行動を観測することはしばしば可能である．しかし，一部の人からは，「所詮はおもちゃだ」とか，「大して役に立たない」といったような評価しかもらえないことも少なくない．このよ

図 4.7　ドライビングシミュレーター

な人を上司にもつと，せっかくシミュレーターが手元にあっても満足に活用できないし，そもそも導入させてもらえないかもしれない．

　もう一つの事例として，コミュニケーションロボットを挙げておく．

　コミュニケーションロボットとのインタラクションが，人々の心にさまざまな影響をもたらすことはすでにさまざまな実験・研究で明らかにされつつある．例えば，田中(2013)は，幼児とロボットのインタラクションをさまざまに観察するなどした結果，子供への教育効果が期待できることを指摘している．また，自閉症をもつ子供のコミュニケーション能力を改善させる可能性を示した研究もある(Pan ほか，2015)．これらの研究成果は大変すばらしいものであり，その内容に異を唱えるものではまったくないが，筆者の感情的な部分では「所詮ロボットに人の心を変えられるはずがない」というような，奇妙な信念のようなものがこびりついて離れないのも偽らざる事実である．筆者のこの感覚は，まさに盲信(Faith)の幅が狭いことに起因するものといえるだろう．

4.1.7 不信の形態3:「能力の次元」における不信

(1) 盲信(Faith)は十分だが,確信(Dependability)が十分でない場合

上記で挙げた不信は,「盲信(Faith)が小さすぎる」という意味での不信である.その不信は,すでに述べたように,ユーザー本人が満足している場合もあるという,ちょっと変わったものであった.これに対し,「盲信(Faith)は適切であるが,その範囲内での満足(確信:Dependability)が十分でない」という場合もある(図4.8).

図4.8は,設計上の能力の範囲内で,信頼度が1でない場合に,信頼のキャリブレーションが不適切で,実際の信頼度(Reliability)よりもユーザーが感じている信頼度(Subjective reliability)が著しく低くなってしまっている状態と考えたらよい.この状態にいるユーザーにとっては,正しく働いてほしいところで適切な結果が得られないから,不満を抱えてしまう.このような場合に信頼感の主観評価をさせてみたら,おそらく低い値が回答されるだろう.つまり,この不信は,「能力の次元」

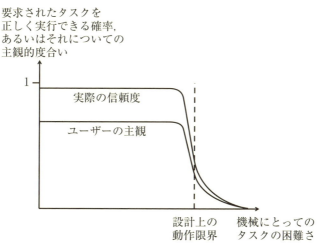

図4.8 不信の形態3:盲信(Faith)は十分だが,確信(Dependability)が十分でない場合

における不信であるといえる．

(2) 「能力の次元」における不信とランダム性

「能力の次元」における不信をもう少し考えてみよう．

システムが何かの動作に失敗することで信頼が低下する可能性については，すでに第3章で述べたとおりである．これについて，安部ほか(2000)は，トータルの失敗回数が同じ場合でも，あるときに集中して起こるのと，散発的に起こるのとでは，信頼の低下の度合いに与える影響は異なりうることを指摘している．すなわち，ポツポツと散発的にシステムの失敗が発生する場合，その後すぐに信頼が回復しうる．これは，図3.8のLee & Moray(1992)の実験の結果からも示唆される現象でもある．これに対し，集中的にシステムの失敗が発生する場合には，信頼の低下は著しく，その後の回復も遅れがちである．なぜそのようなことが起こるのだろうか．この問いに対する明確な答えを確立しているわけではないが，現在の筆者の解釈は以下のとおりである．

一般に，人間はランダムさを正しく認識するのが苦手である．例えば，「10回に3回の割合で，失敗がランダムに発生する」といわれたとしよう．このとき，3ないし4回ごとに1つの失敗が発生するというようなイメージ(例えば図4.9)を抱いてしまいがちだが，実際にはそうではない．ほぼ均等の時間間隔でしか失敗が発生しないのであれば，それはもはやランダムだとはいわないのである．このことは何を意味するかというと，ランダムな事象の系列では，ごく局所的には見かけ上の偏り(例えば図4.10)が発生するのがふつうだということである．しかし，そういうランダムな事象の系列を見せられたとき，あるところに偏っている失敗に目を奪われがちであり，そこに何らかの意味を見出そうとしてしまう傾向が人間にはある．

少し話が飛ぶが，スポーツの世界では，さまざまな競技において，

○ × × × ○ × × × ○ × × × ○ ‥‥‥

図 4.9　ランダムとはいえない系列

○ × × × × × × ○ × ○ × ○ ○ ‥‥‥

図 4.10　ランダムに発生させた系列の例

「波に乗る」とか「流れが来ている」という表現がなされることがある．バスケットボールの世界では，hot hand という表現もあるようである．ところが，これまでにさまざまに調査された範囲では，この「波に乗る」とか「流れが来ている」ということを統計学的に裏付けた事例は見当たらない(ギロビッチ，1993)．いずれも，ランダム系列として説明がつくというのである．しかし，ランダムなものをランダムなものとして受け止めることは，人間にはどうしても苦手である．恥ずかしながら筆者も，ランダムのなかに何らかの意味を見出してしまいたくなるし，また，意味を見出すのが得意である．

　ランダムな事象から何らかの意味を見出す人間の認知の特徴は，後知恵バイアス(hindsight bias)として知られている．後知恵バイアスのもう一つ典型的な例は，いわゆる 2 年目のジンクスである．

　米国では，sports illustrated cover jinx という表現がある．「スポーツで活躍し，Sports Illustrated の表紙を飾ると成績が悪くなる」ということがいわれている．「成績が悪くなるのがいやだから」という理由で，Sport Illustrated の表紙に載ることを断る人もいたそうである．

　しかし，2 年目のジンクスは，純粋に統計学的な現象，具体的には「平均への回帰」という現象で説明できる．そもそも，2 年目のジンクスが話題になるような人，Sports Illustrated の表紙を飾るような目覚ましい活躍をした人は，「めったに挙げることのできない優れた成績を残した」からこそ，雑誌の表紙を飾ることになったわけである．この「めったに起こらないこと」は，当然，めったには起こらないので，次

の年も同じような成績を残す確率は極めて低い．したがって，2年目のジンクスは起こるべくして起こる．

　話を元に戻すと，仮にシステムの失敗がランダム性によって，ある時点に集中的に発生した場合，人はそこに何らかの意味を見出してしまいがちである．ここでの「何らかの意味」とは，故障か何か原因ははっきりしないとしても「システムがもはや信頼できる対象ではなくなった」という意味だと考えられるだろう．このため，失敗が集中的に発生すると，より顕著な信頼の低下が発生すると考えられる．

　このランダム性のいたずらともいうべきことが，飛行機事故の世界で起こることがある．旅客機の事故はひとたび起こるとあちこちで連鎖的に発生することがある．例えば，古い話ではあるが，1966年の日本で5つの旅客機事故が発生している．すなわち，2月4日に発生した全日空機羽田沖事故，3月4日に発生したカナダ太平洋航空機事故，3月5日に発生した英国海外航空（BOAC）機事故，8月26日に発生した日本航空機事故，11月3日に発生した全日空機松山沖事故である．さすがにこれだけの事故が1年間に発生すると，何か本質的・共通的な問題があるのではないかという気がしてくる．もちろん，1966年当時は今日とは違い，前後の年をみても平均して事故発生頻度が高かった時代であるので，改善すべき点は多数あったというべきである．しかし，では，1965年や1967年ではなく，1966年にこれだけ多数の事故が発生した理由は何かといえば，「それはたまたまその年だったにすぎない」というべきであろう．それにもかかわらず，筆者をも含め，人々はその年が「何か呪われたものだ」というような印象を抱いてしまいがちである．

　ただし，同じ原因で事故が連続して起こることももちろんある．例えば，民間航空におけるジェット旅客機の草分けであるデハビラント社のコメットは，就航して数年で，空中で破壊・墜落する事故が連続して発生し，大問題となった．これらの事故は，コメットの機体に設計上の問

題(与圧が繰り返されるとそれに耐えきれず，窓枠付近から亀裂が発生する)があったため，致命的な破壊に至ったとされる．すべてがほぼ同じ原因で起こっているので，こうした事故が連続して発生した場合は，早急な是正が求められる．事故が立て続けに起こった場合には，ランダム性がもたらす偶然なのか，共通の原因があるのか，冷静な見極めが必要である．

失敗が連続した場合に信頼が著しく低下するもう一つの理由として考えられるのが，「入手可能性ヒューリスティック(Availability Heuristic)」(Tversky & Kahneman, 1973)による認知のバイアスである．

入手可能性ヒューリスティックとは，物事の確率の主観的評価において，すぐに想起できる現象に引きずられやすくなる事象を指す．よく目にするものは，実際よりも頻度高く発生しているような気になり，逆に，あまり目にしないものは，実際よりも頻度を低く見積もる傾向があるのである．例えば，交通事故を考えてみよう．

交通事故は，2015年時点でも，年間70万件近く発生している(図4.11)．しかし，交通事故がそれほど起こっていることを認識している人は意外に少ないように思われる．年間70万件というと，単純に一日当たりの件数にならしてみても，1日1900件あまりになる．これはものすごい数字であるが，交通事故がニュースになることは比較的少ない．よほど大きな事故が発生した場合はTVニュースで放映されることもあるが，実際には，死亡事故が発生したとしてもニュースで報道されない事例は多い．報道されるとしても，せいぜい，新聞の地方欄に小さく記事が載る程度である．

この交通事故件数などについて，詳しい知識をもっていない人に主観的に予測をさせてみると，一般に低めの見積もりを示す場合が多い．これが入手可能性ヒューリスティックである．「交通事故のニュースを聞かないので，あまり起こっていないのではないか」というように受け止

116　第 4 章　信頼を失うとき

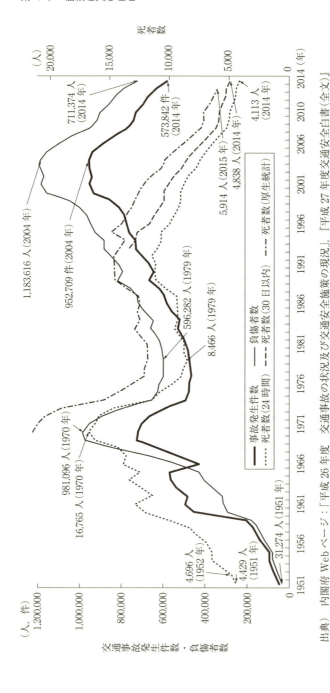

図 4.11　日本の交通事故発生件数，死者および負傷者数の推移

出典）内閣府 Web ページ：「平成 26 年度　交通事故の状況及び交通安全施策の現況」，「平成 27 年度交通安全白書（全文）」
(http://www8.cao.go.jp/koutu/taisaku/h27kou_haku/zenbun/genkyo/h1/h1b1s1_1.html)

めてしまう．他方，航空機事故は，一人乗りの小型飛行機であっても，墜落事故が発生すれば，その日のトップニュースに上がることもしばしばである．航空機の事故は現実には少ないのであるが，ニュースでよく取り上げられるだけに，実際の頻度と比べて多めに見積もられることが多い．

　機械の使用に際しては，成功した事例はあまり目立たない．仕様で策定された範囲内ならば，機械が適切に作動するのが当たり前なので，成功したからといってそれが話題になるということはない．これに対し，機械が失敗した事例は，目立つし，印象的である．その機械が，社会的にも新しい，注目されたものであればなおさらである．

　最近でも，Google の自動運転車が過失事故を起こしたことが報じられたが，その事故そのものは，被害もごく軽微な，ありきたりなものに過ぎなかった．しかし，「あの自動運転車が事故を起こした！」ということ自体が大いなるニュース価値を有している．こうした入手可能性バイアスによって，印象深い誤作動事例が多数手元に置かれることになり，実際の信頼度よりも低い信頼に止まるように作用する．

4.1.8　不信の形態 4：「目的の次元」における不信

　不信の問題でも，過信の場合と同じように，「目的の次元」における不信を考えることもできる．すなわち，機械の本来の機能を誤解していて，「本当は機械ができることをできない」と思い込んでしまう場合である．この場合，「そんなものだ」と思い込んでいれば，不信感を心の中でもっているとは言い切れない．この点においては，「方法の次元」における不信と似ているといえよう．

　「目的の次元」の誤解にもとづく不信の例を考えつくのは意外と難しいのだが，幕末に活躍した大村益次郎(村田蔵六)は，まさにこのタイプの不信の餌食となっていたということができるかもしれない．大村

は，兵を動かすのに極めて優れた能力を有していたとされるが，はじめは単なる村医者でしかなかった．その後宇和島藩で厚遇を受けるなどしたが，地元である長州藩は長いこと村田蔵六という優れた存在に気づくことはなかった（木村，2010）．医者としては認知していたかもしれないが，兵学者としての認識はなかったということである．長州藩で位置を得たのはずっと後のことである．

　もう一つ例を挙げてみる．最近，平和維持活動を行うロボットに対する信頼をテーマにした研究が始まっている（例えば，Inbar & Meyer, 2015）．この背景には，米国などで，治安のよくない国や地域で平和維持活動を行うに当たり，ロボットの導入の可能性が議論されていることがある．これはまさに映画「チャッピー」（2015, 監督ニール・プロムガンプ）のような世界である．映画ならまだしも，真剣な研究課題として取り上げられるとは，「ついにそういう時代が来たか」という感がある．とはいえ，今日のようなグローバル時代にあっては，日本においても今後無視できないテーマの一つであるように思われる．

　平和維持ロボットは，「チャッピー」ないし「ロボコップ」のようなヒト型であっても，そうでなくても構わないのであるが，いずれにしても，平和を維持するために必要最小限の武器を携帯することが想定される．そうしたロボットが，街を行く市民とコミュニケーションを行い，安全確保のためのさまざまな活動を行う．チャッピーは銃を使うが，実世界における平和維持ロボットが必ずしも銃のような致死性のある武器を携帯するとは限らない．とはいえ，何らかの武器をもたないことには，平和維持はできない．平和維持のためとはいえ，武器を携帯するロボットが本当に世の中に現れたときに，人々はどのような印象・感想をもつだろうか．地域の平和・安全を維持するという本来の目的（機能）を，街を行く人々に正しく認識してもらうことはできるだろうか．うまくシステムをつくらないと，平和を乱すモノとして認識され，不信感を

募らせてしまうかもしれない．

「目的の次元」の誤解に起因する不信は，製品そのものだけではなく，それを製造する企業に対する信頼の問題になるかもしれない．その企業・組織の目的についての一般市民の認識が不十分だったり，誤解があると，十分な信頼を確保できないことが考えられる．

筆者が学生だった頃は，大学は「レジャー施設」だった．ちょうどバブル経済まっただなかの時代で，大学生である期間は，与えられた4年間のモラトリウムを満喫するためのものであった．これは，大学が本来もっているはず(あるいはもつべきとされているはず)の，教育・研究という機能をまったく期待されていないということであり，言ってみれば大学に対する一つの不信感であるといえる．最近では，社会構造が変化し，就職をめぐる状況は非常に厳しいことから，大学生の間にどれだけ力を付けたかによってその後の人生が大きく異なるという認識が広まった．これによって，授業に向かう学生の態度も，筆者が学生の頃と比べると真剣味があるような印象はある(逆にいうと，大学だけがもつことのできるような(知的)自由さのようなものは次第になくなりつつあるのだが)．

4.2 高信頼性は高信頼を保証しない

ここまでの議論ですでに明らかであるが，改めてはっきりと述べておきたい．

「機械が高い信頼性(Reliability)をもつとしても，それだけではユーザーから高い信頼(Trust)を得るとは限らない．」

この理由について，信頼性の重要な要素である「機能」「使用条件」「使

用期間」という3つの観点から以下整理しよう．

　高信頼性を有する機械がユーザーに信頼してもらえるためには，機械の「機能」についての共通認識が不可欠である．したがって，ユーザーがそもそも機械の目的（機能）を誤解している場合，最初からまったく使ってもらえない，あてにしてもらえない．すなわち，「目的の次元」における不信をもたれてしまう．

　機械の目的（機能）をユーザーが正しく認識しているとしても，それがどの程度の「使用条件」で利用できるのかという盲信（Faith）が，機械がもっている能力限界に比べて著しく小さい（狭い）場合，十分な信頼は得られない．このとき気を付けないのは，主観的に表明される信頼感は，期待としての盲信（Faith）に対する満足感であると考えられることから，本当はユーザーはシステムを十分に信頼していないにもかかわらず主観評価は十分高い状態が起こる可能性がある．したがって，信頼を主観評価だけで考察して，高いとか低いとか一喜一憂してもあまり意味はない．

　使用期間については，設計寿命を越えてもなお，機械が使われている場合を考えてみよう．この場合，機械が壊れて使い物にならなくなったとしても，ユーザーから文句を言われる筋合いは本来はない．しかし，壊れて使えなくなった機械を目の前にすれば，やはりユーザーは文句を言いたくなるものなのである[22]．

　目的を誤解してしまうことによる不信や，能力の限界を過小に評価し

---

[22] 信頼性と信頼との関係を論ずる際，多くの場合，「使用期間」の長短が問題になることはない．ヒューマンファクター研究の分野では，暗黙の裡に，バスタブ曲線の底のところでの機械利用を想定してきたからである．実際には，初期不良がある状況における機械への信頼や，摩耗故障のフェーズに至った後に「いつまでその機械を使い続けるか」という問題もある．しかし，ヒューマンファクター研究者の多くは，その問題に気づいていないか，あるいは気づいていても，そこまで思いをはせる余裕がない．寿命と信頼については，今後の研究が必要である．

てしまうことによる不信は，誰の責任に帰するべきだろうか．当該商品を販売する際の営業担当者の説明が悪いのだろうか．あるいは，依怙地なユーザーの無理解だろうか．それとも，機械の機能(目的)やその限界をわかりにくい仕様にしてしまったシステム設計者が悪いのだろうか．

結論としては，これらのいずれもが理由である可能性がある．特に，設計や技術開発で何とかできる部分があるケースもある．自動車の運転支援から自動運転への発展は，中途半端で使いづらかった従来の運転支援を，より便利で安全なものにしようという技術開発だとも捉えることができる．

4.3 過信と不信の不思議な関係

過信は，期待が過大であったり，機能を誤解していたり，作動条件を大きく捉えすぎていたりすることである．これに対し，信頼は，期待に対する満足の度合いをいう．

このように考えてみると，期待が大きすぎて，その期待が満足されないと，不信感につながる．この「期待が満足されないがゆえの不信」の存在は，現段階ではまだ仮説の段階にすぎないが，傍証のようなものを挙げることはできる．

例えば，「見かけ倒し」な人がいる．見た目のスタイルがよいのに勉強もスポーツもだめという人であったり，現役バリバリの大リーガーという触れ込みで日本の球団に入ったのに活躍できない外国人野球選手であったり，「見かけ倒し」もさまざまである．いずれにしても，期待が大きいだけにその期待にそぐわなかったときの失望感も大きい．その失望の大きさゆえに，「もうそんな人(機械)は使いたくない」という思いが強くなりやすい．読者のなかにも，そのような失望をしてしまった経験，あるいはされてしまった経験のある人は少なくないのではないか．

期待が大きすぎるがゆえの不信感は，他にも例を挙げることができる．例えば，自動車のエアバッグを考えてみよう．

運転席のSRSエアバッグは，日本では1990年代に大きく普及し，今では新車でSRSエアバッグを搭載しないクルマはほとんどないといってよい．しかし，エアバッグの普及当初は，順風満帆ではなかった．

SRSエアバッグのSRSとは，Supplemental Restraint System（補助拘束装置），つまり，シートベルトの補助を意味する．3点式シートベルトの拘束は衝突に際し必ずしも十分ではないので，補助が必要なのである．したがって，SRSエアバッグは，シートベルトの着用が前提となるが，SRSエアバッグ普及当時は，あたかもシートベルトに代替するものとして受け止められることがあった．

実際，SRSエアバッグがあってもシートベルトをしないで運転し，交通事故が発生した場合，エアバッグの展開をもろに体で受けてしまい，その衝撃で内臓が破裂した事例が数多く発生されたことが報告されている（交通事故総合分析センター，1997）．

エアバッグの普及当時，SRSエアバッグは全車標準装備ではなく，オプション扱いであったこともあって，「5〜12万円もする装置だけに「シートベルトより安全」」と考える人もいたとされる（朝日新聞，1992）．ここで，「シートベルト"より"安全」という表現になっている点に注意が必要である．この表現を一つ見ただけで，その発言をした人がSRSの意味をわかっていなかったということが直ちに了解される．また，「衝突事故が起こったのにもかかわらず，エアバッグが展開しなかった」と訴訟が起こった例もある（例えば，朝日新聞，1997）．

SRSエアバッグは，もともと，正面からの衝突，しかも相対速度がそれなりに大きい場合に展開するように設計されるのが普通であり，横方向からの衝撃，オフセット衝突，減速しつつある前車への追突のような場合にはエアバッグが展開しないこともある．海外PL保険110番と

いう Web サイトで紹介されている訴訟事例でも，エアバッグ自体は設計されたとおりに正しく作動しているにもかかわらず，それがユーザーの期待とかい離していることによって，著しく不信感を募らせてしまう事例が紹介されている．

エアバッグの場合，特に問題が難しいのは，非常時にしか使わない（作動しない）システムであるということが挙げられる．

通常時に使用するシステムであれば，「どのような場合にどのような作動をするか」ということを日常的に経験することができる．本書で何度も例に挙げている ACC は，通常時に作動する運転負担軽減システムである．したがって，作動の様子が多少おかしいように思えるところが仮にあったとしても，何度もシステムの利用を繰り返すことで，「これくらいはできる」，あるいは「これ以上は厳しい」というイメージを，ユーザーがもつことが比較的容易である．

エアバッグの場合，大多数の人にとっては，エアバッグが作動する場面を経験することは一生に一度あるかないかである．何度も何度もエアバッグの展開を経験するということは，通常のユーザーにはありえない．したがって，どのような場面でエアバッグが動作するのかということを経験的に理解することは，本質的に不可能である．このため，いったんユーザーが大きな期待を抱いてしまうと，それを修正する機会がほとんどない．そのような状態が続いた後で，実際にシステムの作動を経験すると，それへの不満のために不信感を抱いてしまうのである．

以上の例から浮かび上がるのは，不信の背後には過信がある場合があるということである．これは一見すると少々不思議なことなのであるが，「大きすぎた期待ゆえの落胆」がもたらす不信は，無視できない問題であるように思われる．

2016 年 4 月の今，「社会の期待が大きすぎるのではないか」と懸念されるものに，自動車の自動運転がある．自動運転はすぐにでも実用化さ

れ，すべての人が自動車の運転操作から解放されるかのようなイメージをもっている人は世の中に数多くいるものと思われる．

しかし，現実はそれほど甘くない．「目的地を設定したら，後は何もしなくてよい．高速道路だけではなく，どんな場所でも使える」という意味での自動運転は，ちょっとしたデモンストレーションはできても，そう簡単には実用化できない．「自動運転」を銘打った商品はそう遠くない将来に世に出てくるだろうが，それを使うためにドライバーは自動運転装置や外界を監視する義務を負うであろう．これには，さまざまな理由があるのだが，その一つに「自動運転装置の能力が必ずしも十分に高くはない」ということが挙げられる．

ある限定的な状況であれば，スムーズに自動走行が可能であるのはもちろんである．しかし，高速道路のジャンクションであったり，合流地点など，他車との複雑なインタラクションや駆け引きが必要となるような場面で，うまく対処できるレベルに機械の知能が至っていない．したがって，自動運転のシステムでうまく対処できない場合には，ドライバーたる人間が対応しなければならない．少なくとも当面は，自動運転装置がうまく対処できない場面が突如として現れる可能性があるため，ドライバーはいつでも運転操作に復帰できるように備えていなければならない．こうなってくると，表面上は自動運転をしていても，ドライバーの実際の運転が少しも楽にはならない．むしろ，自動運転がうまく作動できるかどうかを注意深く観察しなければならないため，逆に負担が高まるという可能性すらある．現時点では「自動運転」に対する社会の期待が大きいだけに，限定的な「自動運転」車が世に商品として売り出された場合に，社会が大いに落胆するという可能性がある．

ちなみに，以上のことから現在の筆者の課題は，「社会が落胆しないような，役に立つ限定的自動運転を実現するためには，どのようにシステム設計をすればよいか」という問いに対する答えを早急に見つけるこ

とである.

4.4 信頼と誠実さとの関係

4.4.1 誠実さが重要となる理由

　本書では，ヒューマンマシンシステムにおける信頼の研究から得られた知見を中心にして，信頼に関する議論を進めてきた．この分野の性質上，「機械は誠実な目的をもってつくられている」ということが暗黙の裡に前提とされており，「機械が自分をだますかどうか」という意味での信頼に関する議論をする必要はなかった．航空機のパイロットが，自動操縦装置に対して「この装置は自分をだまそうとしているのではないか」と思い悩む姿を我々が想像することはないだろう．

　これに対し，リスクコミュニケーションの分野では，相手(リスクにかかわる情報を提供する側)を信頼できるかどうかの重要な判断項目の一つとして，誠実さが挙げられていた(**2.5**節)．これに関しては，主要価値類似性(SVS)が重要な役割を果たすという指摘もあることはすでに説明したとおりである．リスクコミュニケーションの問題では，リスク情報を提供する側に対して「自身の都合の良いように相手を丸め込もうとするのではないか」という危惧が起こりうるので，誠実さが重要な観点となる．

　2015年，大企業による自動車の排ガス検査や，マンションのくい打ちデータにおける不正が社会問題になった．こうした不正が行われる可能性を前提とすれば，「その組織を信頼できるかどうか」の重要なカギが，組織の誠実さとなる．

　高度な知能をもったロボットや機器が日常生活に深くかかわってくると，「それらの機械が我々に誠意をもって接しているのかどうか」が問題となる．すでに述べたように，平和維持活動を行うロボットなどを考

えると,「それが本来果たすべき任務を誠実に実行するようにプログラムされているのかどうか」は重要な社会的な問いになる可能性がある.

4.4.2 誠実さを伝えることがさらに重要となる理由

誠実さをもつことは重要であるが,それをどう伝えるかはさらに重要である.自分がいくら誠実であろうとも,それが相手に伝わらなければ信頼を得ることはできないからである.

例えば,2009〜2010年頃に騒ぎとなったプリウスのABSの問題では,ブレーキの利きがよくない事態に対して,「ユーザーのフィーリングの問題」として捉え,リコールなどの対応が遅れた.この問題では,当該ABSは保安基準を満たしていたので,リコールする必要性はなかった.しかし,結果として,メーカー側の対応が不誠実であるかのように見えてしまい,騒ぎが大きくなった一つの要因となった.

もう一つ,原子力発電の問題についても触れておこう.

筆者がこれまで見てきた限り,原子力発電の安全性の研究・開発に取り組んでいる研究者・技術者の方々は,いずれも真摯に安全の問題に取り組んでいた.しかし,どういうわけか,その真摯さは社会に十分浸透していなかった.「どれだけ言葉を尽くしてもわかってもらえない」というもどかしさからくる諦めのようなものも感じられた.筆者自身も,どちらかといえば弁の立つほうではないので,「わかってもらえないならわかってもらわなくていい」と諦めがちである.だから,そのような開き直りの態度を取る気持ちはよくわかるが,そのような対応では決して信頼を得ることはできない.信頼してもらう必要のある相手には「わかってもらえるまで言葉を尽くす」必要がある.

4.4.3 情報セキュリティと誠実さ

誠実さと信頼については,情報セキュリティの問題が最近,特に関係

してくる．例えば，製品自体は誠実な意図をもってつくられたものであっても，情報通信機器のクラッキング（悪意をもったハッキング）によって，悪意のあるプログラムコードが後付けで埋め込まれるという事態が想定される．

情報セキュリティ分野では，自動車の制御ネットワーク（Controller Area Network：CAN）の乗っ取りが話題になったこともある（例えば，Checkowayほか，2011）．CANとは，車両を電子制御するための特殊なコンピュータネットワークである．乗っ取りの方法は，当初，車内の内装を引きはがしてCANに直接アクセスし，流れるパケットを解析することで命令を解読して，侵入者が不正な命令を与えるというものであったが，最近では，インターネット経由で進入して，外部から車両を思いのままに動かすことができる場合があることがわかっている．もちろん，あらゆる車に可能ではなく，脆弱性をもつ車種に限定されてはいるのだが（Greenberg, 2015）．あくまでもデモンストレーションとしての乗っ取りではあるが，ブレーキを作動できなくさせ，やむなく路外に逸脱させた事例も報告されている．

もちろん，自動車業界ではこうした問題に対して対策をとるべく，大変な努力をしている．しかし，問題は，「ドライバーの知らない間にいつ乗っ取られるかわからないという"不安"がつきまとうこと」にある．

今のところ，車両が乗っ取られて大きな事故やトラブルが発生するという事態は現実には起きていないようであるが，そう遠くない将来に現実の事故・トラブルとして顕在化する可能性はある．

これまでの情報セキュリティ問題は，初期のころのような愉快犯や，「iPhone誘拐」やcyber kidnapping（情報を人質にとるいわば「サイバー誘拐」）などといったものを除けば，ユーザーの見えないところで個人情報が盗まれたりのぞき見されたとしても，直接「目に見える形で」ユーザーの生命や財産を脅かすことがないのがほとんどであった．むし

ろ，クラックする側からすれば，いかにして気づかれることなく情報を盗み取るかが肝である（だからこそ，脆弱性があってもそれが野放しにされるケースが後を絶たない）．これに対し，自動車のように，事故・トラブルがドライバー自身や周囲に対して直接生命・財産の脅威をもたらす場合，セキュリティに対する「不安」はシステムへの不信感につながる可能性がある．

　こうした不安にともなう不信感がある場合，他に代替が効くときには容易に代替案のほうに流れる．このことは，いわゆる風評被害において特に顕著である．例えば，「牛肉がダメなら豚肉にしておこう」という発想が，（誤解を恐れずにいえば）安易に起こる．中谷内（2006）は，こうした判断の仕方を，「周辺的ルート処理」と述べている．

　セキュリティ以外の場面で誠実さが問題となるのは不祥事を起こしたときであり，本当に信頼を失うかどうかはその後の対応次第である．これについては，5.3節で改めて論じる．

4.5　不信感が増幅するメカニズム

　不正を行った人がいると，その当事者がごくわずかだったとしても，組織全体，ブランド全体が信頼を失うことになる．

　例えば，フォルクスワーゲン社の排ガス検査の不正問題では，日本法人は不正に関与していなかったようであるが，日本での自動車販売は大打撃を受けたとされる（日本経済新聞，2015）．

　メディアでは，しばしば，「組織ぐるみであったかどうか」が議論の的になることがあるが，「組織ぐるみ」であろうとなかろうと，社会問題に発展するような重要な不正が組織のなかで行われた場合，その組織は社会的な信頼を損ねる．これは，さまざまな事例が証明している．組織における個人の行動をキッチリと管理しきれなかった組織の管理能力

の不足という意味で組織が信頼を損なうのはやむを得ない．

このような不信感は，もっと広範に広がることがある．風評被害の広がりがその典型である．風評被害という現象自体は，組織などに対する信頼感に関係するものとして議論すべきものではないかもしれない．しかし，風評被害の影響が持続することに関しては政府やリスク情報を提供する組織に対する信頼感が影響をしていると考えられる．なぜならば，「風評被害の特徴の一つは，一度これが社会に認識されてしまうと，仮に安全が確認されたとしても忌避はしばらく続くこと」にあるが，この忌避は，政府やリスク情報を提供する組織への不信感が背後にある（Itoh, 2000）．

風評被害が拡大するメカニズムについては，「リスクの社会的増幅」（Social amplification of risk）という概念で，論じられることがある（Pidgeon ほか，2003）．

「リスクの社会的増幅」では，リスクに関する個人的知識や経験，他者とのインタラクション，マスメディアなどからの情報伝達などが組み合わさることで，リスクの知覚が社会全体に広がっていくと考える．これを「波及効果」（Ripple effect）という（図4.12）．また，「リスクの社会的増幅」という概念は，風評被害を論ずる際にしばしば用いられる重要なものである（例えば，伊藤，2007；大槻，2011；手塚，2006）．

「リスクの社会的増幅」を少し詳しく説明しよう．まず，最初にすべてのきっかけとなるリスク事象がある．例えば福島第一原子力発電所の事故などをイメージすればよい．これに関して，情報をもたらすもと（情報ソース）がある．それは，個人的経験や，誰かとのコミュニケーションを通じて取得する．その情報ソースから，情報チャネル（情報を伝える媒体と思えばよい）を通じて，情報が伝達される．受け取った情報をもとに，リスクを増幅する仕組み（Amplification station）には，個人内のリスク認知（Individual station）のほかに，社会的な場（Social Sta-

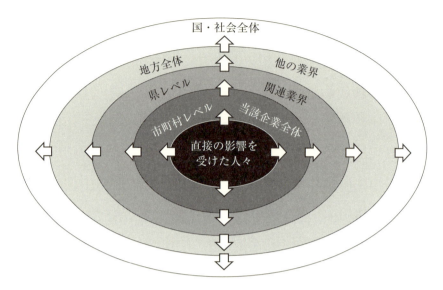

図 4.12 リスクの社会的増幅

tion) もある．そこでのやり取りの結果として，組織的・社会的行動が行われ，リスクが社会全般に波及していく（波及効果）．その波及の例がいわゆる風評被害であったり，それを踏まえた損害賠償訴訟などである．

「リスクの社会的増幅」とはいうものの，リスクにかかわる社会問題が発生した場合に常に増幅が起こるわけではないことが知られている．「どういう場合に増幅が著しくなり，どういう場合に増幅が抑えられるのか」ということについては，まだ明確な答えが得られているわけではない．ただし，マスメディアによる報道の量によって，増幅の程度が異なることは，いくつかの研究で指摘されている（伊藤, 2007; 関谷, 2009）．

また，伊藤（2007）は，Lee & Moray（1992）の信頼の次元モデルを適用し，「方法の次元」に関する情報を提供することの重要性を指摘して

いる．伊藤(2007)の実験では，「なぜ安全が確保されたのか」という根拠(原理)に関する情報が与えられていない場合に，信頼が回復されにくいことが結果によって示されている．

第5章

信頼を得るための方法

　前章までは,「信頼がどのように損なわれうるのか」を主に検討してきた.本章では最後に,「人々の信頼を得るためにはどうしたらよいのか」を考えてみたい.

　節の表題では,あえてセンセーショナルな,逆説的な表現を用いているところがあるが,その意図するところは,各節の説明を読んでもらえれば理解してもらえるものと思う.

5.1　できないことは「できない」とはっきり伝える

5.1.1　信頼を得るためには,信頼させない必要がある

　一般的に,自分が期待していなかったことを相手がしてくれると,信頼感が増す.このことに関し,天貝(2001)は,中学・高校生に対して行ったアンケート調査研究を通じて,興味深い結果を得ている.この研究では,「相手(この場合,友人もしくは教師)が自分に対して行った行動について,相手を信頼できるかどうか」を評価させている.その結果,「相手が自分に何かをしてくれる」ということがあったときに,その相手が友人の場合には高い信頼感を感じるが,相手が教師であった場合にはそれほどでもないという傾向が見られたという.この結果は,以

下のことを意味している．

- 教師とは，もともと生徒に何かをしてくれるはずの存在なので，教師が自分に何かをするのは当たり前であり，ことさら信頼感を強くする材料にはならない．
- 友人は，必ずしも自分に何かをしてくれるはずの存在ではないので，何かをしてくれたときに強い信頼感を感じるようになる．

これは，いわゆる品質二元論（狩野ほか，1984）における「当たり前品質」と「魅力的品質」[23]の対比と同じ構造のように思われる．教師が「生徒のために何かをする」のは当たり前品質に相当するので，「必要なことをしてくれない」と生徒に感じさせると，不信感の増大につながる．その一方，友人が，「自分のために何かをしてくれる」というのは魅力的品質に相当するので，何かをしてくれれば，その分だけ信頼感の増大につながる．

以上のことから派生的に考えられる命題は，**「信頼を得るためには信頼させない必要がある」**という逆説的なものである．より正確に言えば，やや消極的な表現になるが，**「信頼を得るためには，あまり期待させない必要がある」**ということである．

5.1.2　衝突被害軽減ブレーキの事例

「信頼を得るために信頼させないこと」の具体的な事例としては，自動車の「衝突被害軽減ブレーキ」を考えることができる（図 5.1）．

---

[23]　「当たり前品質」とは，それが充足されない場合，ユーザーが不満を抱くが，充足された場合でもユーザーが満足するわけではない品質である．これに対し，「魅力的品質」とは，それが充足された場合，ユーザーが満足をするが，充足されない場合でもユーザーが不満を抱くわけではない品質である．

　例えば，モノが壊れないことは，当たり前品質としてみなされる．他方，スマートフォンで画面を「スワイプ」（指で画面を掃くような操作で，ページ送りなどを行うこと）ができる機能などは，スマートフォンが世に出始めた当時はまさに魅力的品質であった．

5.1 できないことは「できない」とはっきり伝える　*135*

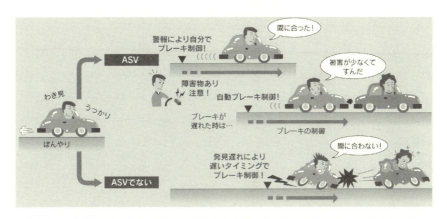

出典）　国土交通省(2007)：「第3期先進安全自動車(ASV)推進計画成果報告会資料」
（http://www.mlit.go.jp/jidosha/anzen/01asv/resourse/data/asv3_j.pdf）

図5.1　衝突被害軽減ブレーキ

　衝突被害軽減ブレーキは，衝突回避のための自動ブレーキよりも前から実用化されて，今日急速に普及しているもので，2000年代の前半から一部の車両に搭載され始めた．これに対し，「衝突"回避"ブレーキ」が商品化されたのは，2008年頃からである．「衝突回避ブレーキ」が文字どおり衝突を防ぐべく制動を自動的に行うのに対し，「衝突被害軽減ブレーキ」は，前方にある車両との衝突が避けられない場合，衝突の被害を軽減するために，自動的にブレーキをかける．衝突エネルギーの大きさ（≒衝突による被害の大きさ）は，衝突時の相対速度の2乗に比例することから，確かに，少しでも速度を下げるほうがよい．しかし，なぜ，衝突を「回避する」のではなく，衝突の「被害を軽減する」ものとして製品化されたのだろうか．

　ごく大雑把にいえば，「衝突被害軽減ブレーキ」も，「衝突回避ブレーキ」も，使用しているセンサーは似たようなものであるし，ブレーキ操作を行うアクチュエーターも似たようなものである．「衝突が起きそうなときにできるだけ衝突が起きないように自動的にブレーキをかける」

ということでよければ，ずっと以前にも実現できたはずである．

この問いに対する答えは，第3期先進安全自動車(ASV)推進計画成果報告会資料(2007)に以下のようにまとめられている．

「衝突被害軽減ブレーキ」には，「危険場面で自動的にブレーキがかかると，ドライバーが本来行うべき回避行動がおろそかになるかもしれないという懸念(ドライバーの過信)」がある．これに対し，「物理的に衝突が避けられないタイミングでブレーキ制御するのであれば，ドライバーの過信は招かないと想定」するという考え方もある．だから，「緊急時のブレーキが信頼されすぎると困るので，そもそも信頼できないようにシステムをデザインした」のである．

なぜ信頼されすぎると困るのか．衝突被害軽減ブレーキがもっている環境認識能力や，制動制御のアクチュエーターには能力の限界があるからである．その能力の限界には，ちょっとしたことですぐに到達してしまうため，衝突を防ぎきれない事態が容易に発生しうる．

例えば，やや急な坂道を下っているときに先行車が急に減速し，「衝突回避ブレーキ」が急きょ必要になった場合を考えよう．この場合，いつもと同じようにブレーキをかけるだけでは，自車は十分に減速できるとは限らない．路面が濡れていたり，タイヤが摩耗している場合には，より顕著に衝突の危険が高まる．自動車の緊急事態は本当に突然発生することがあるので，万が一，ドライバーが衝突被害軽減ブレーキをあてにしすぎて周囲の環境チェックなどを怠っていた場合，衝突を防ぎきれない．ドライバーが周囲の状況をずっと注意深く見張っていれば，自動ブレーキでは不十分と思われるほど急な先行車の減速行動が見られた場合でも，ドライバーに制御引継ぎのリクエストを提示してもうまくいくだろうが，これは現実的ではないと思われる．

5.1.3 ACCの減速度メーターの事例

別の例を挙げてみよう．すでに述べたように，ACCが発揮できる減速度には限界がある．ACCの減速度の限界がどこに設定されているかは，ドライバーに自明ではない．そこで，伊藤(2008)は，ACCの減速機能の限界を提示するディスプレイに関する研究を行うなかで，減速度の限界をディスプレイに表示する方式を考えた(図5.2)．

図5.2では，針が現在の減速度(m/s^2)を表している．目盛上には，ACCが出すことのできる最大減速度(伊藤(2008)の例では，$2.5m/s^2$)が，太線で表示されている．また，直近の過去10sにおける自車の最大の減速度が，バグ(●)で表されている．この表示を見れば，ドライバーは，いったん追突の危機を脱した後，「あのときの最大の減速度がどれほど大きかったのか」を振り返ることができる．このように，後に振り返ることができるようにしてある理由は，追突の危険が高まっているときに，何らかの表示を見て判断することをドライバーに要求することが適切ではないためである．

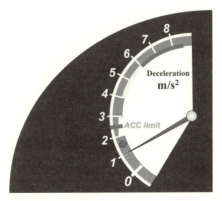

出典) 伊藤誠，丸茂喜高編著，平岡敏洋，和田隆広，安部原也，北島創著(2015)：『交通事故低減のための自動車の追突防止支援技術』，コロナ社．

図5.2 減速度メーター(イメージ)

この減速度メーターをインパネに組み込み，ドライビングシミュレーター上でドライバーに走行させてみたところ，ACCでは対応しきれない場面が発生したときのドライバーの対処が迅速になることが確認された(図5.3)．

実験では，減速度メーターを使う群(Group A)と，減速度メーターを使わない群(Group B)とに分け，ドライビングシミュレーターを用いて実験を行った．実験では，ACCでは対応できない先行車急減速が4回(RD1～RD4)発生する．通常なら，ACCが最大減速度で減速しているときにビープ音が提示され，限界に達していることがドライバーに伝えられる．ただし，RD3のときのみ，ビープ音の提示が失敗してしまう．減速度メーターを用いなかったGroup Bでは，ドライバー自身によるブレーキ操作のタイミング(ブレーキ反応時間)が遅れている一方，減速度メーターを用いたGroup Aでは，ドライバー自身によるブレーキ操

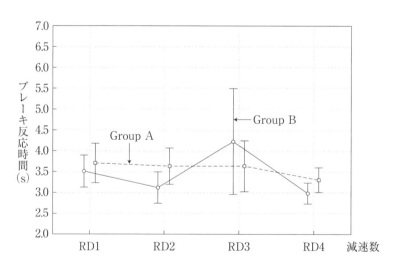

出典）伊藤誠(2008)：「状況認識の強化とACC機能限界の理解支援のための減速度表示」，『計測自動制御学会論文集』，Vol.44，No.11，pp.863-870．

図5.3　減速度メーターの効果

作は，ビープ音が正しく提示されている場合とほぼ同じであった．

この減速度メーターの事例のように，「もうこれ以上のことはできない」ということを明示的に示すことは有用である．

例えば，筆者は，ときどき国際会議や学会でセッションをオーガナイズすることを依頼される．関係する先生方にお願いして回って，発表演題を集めるのであるが，基本的に合意をもらったとしても，実際に題目やアブストラクトを提出してもらうのに時間がかかる．「締切はいついつです」と伝えても，「どうせ多少の遅れは待ってくれるだろう」と（勝手に）解釈して提出を遅らせようとする（少しでもサボろうとする）人がいる．残念ながら，少なからぬ人がそうであるし，筆者自身，他の先生から依頼された場合には，同様な態度で接してしまうこともある．「本当の締切はいつですか？」などとぬけぬけと聞くことすらある．しかし，締切延長のうえ「もうこれ以上の延長は絶対にありません」と明確にアナウンスをすると，締め切りまでにキッチリと対応する研究者の方々がほとんどである．つまり，まだ余裕があるのならその余裕に頼ろうとするが，余裕がほとんどないならその余裕をつぶしてしまわないように対処するのである．

以上の例からわかることは，学会事務局側の体制を明らかにして，「これ以上遅れると対応が間に合わない期日」を締切を守るべき相手にはっきりと認識させられた場合，相手もしかるべく対処ができるということである．ただし，「プロの研究者に限るのではないか」といわれるとそれまでかもしれない．

5.1.4 日常生活における応用

日本人は日常生活で「相手に自分のことを期待させすぎないようにする」ことを無意識に行っていることが多い．むしろ，もっと自分のことを期待させるようなアピールをすべきだと思えるほどである．しかし，

「相手が自分に対して過大な期待をしていそうだ」ということがうかがわれる場合は注意しなければならない．

「相手の期待が大きすぎる」と感じられる場合，自分自身で対処できる限界をハッキリと伝えることが対処法の一つである．ただし，人と人との関係から自分が対応できる範囲をくっきりと線引きしてしまうと，あたかも相手を拒否してしまうかのような印象を与えかねない．そのため，「なぜそれ以上のことができないのか」を理由を添えて説明することが重要である．もし視覚化できるなら，現状がその限界にどれだけ近いかを見てわかるようにすることも効果的である．例えば，ある仕事を頼まれたときに，相手は3日で終えることを期待しているのに，どうしても1週間はかかるというような場面がある．この場合，1週間はどうしてもかかることを理由を添えて明確に伝えるとよい．

もう一つの方法は，相手の期待に乗っかってみることである．すでに議論したように，人間は，努力によって能力を高めることができる余地がある．「せっかく期待してくれているのだから，それに応えよう」というアプローチは決して無駄ではない．相手が上司の場合は，こちらの能力が現時点ではまだ低いことをちゃんと理解したうえで，伸びしろをも踏まえて期待を大きくしているという場合もある．

5.2 自身とかかわらせるために必要最低限の信頼を得る

5.2.1 信頼と使用は鶏と卵

Muir & Moray (1996) が述べているように，機械が人の信頼を得るためには，実際に使ってもらわなければならない．このことは，特に，日常的に使用されるシステムについては決定的に重要である[24]．しかし，Lee & Moray (1992; 1994) が指摘しているように，システムの利用を

規定する要因の一つは，信頼である．すなわち，これは，鶏と卵の問題のようになっている(図5.4)．図3.13も，同じ趣旨のことを示している．

以上のことから，Parasuraman & Riley(1997)は，「信頼は結果でもあり，原因でもある」と述べている．

いずれにしても，使ってみなければ何も始まらない．「まずは使ってみる」ということが重要である．そのためには，**使えるか使えないかの確信がもてないとしても，使えることを仮定して使ってみる**ことが必要である．すなわち，「**まずは信頼してみる**」ことが求められる．これらのことをまとめると，「**信頼できるかどうかわからないからこそ信頼してみなければならない**」ことになる．

これは，山岸(1998)が論じている信頼とよく似ている．すでに2.4節で述べたように，山岸(1998)は，「相手に騙されるかもしれない，搾取されるかもしれないという可能性がある」という文脈においてなお，「未知の相手を信頼できるかどうか，信頼してみようとするかどうか」を論じていた．

山岸の主張の一つは，「信頼できるかできないかが不明な不確実な状況においてこそ，相手を信頼することが重要である」ことだと筆者は理解している．上に述べた「信頼できるかどうかわからないからこそ，信頼してみなければならない」というのは，山岸(1998)の主張とほとんど同じ意味のことであるといえよう．

山岸(1998)は，意図に関する信頼に注目し，「相手(人間)が自分をだ

図5.4 機械を「信頼すること」と「使用すること」とは鶏と卵の関係

---

24) 緊急時にしか動作しないような，めったに経験しないものについては，信頼を得るための経験を積む機会が少ない．

ましたり搾取したりすることはないだろうか」という議論をしていたが，本書では，製品・機械への信頼を主な考察対象としているので，相手（製品・機械）が意図的に自分をだましたり搾取したりすることを問題とせず，むしろ，その製品・機械の能力に関する信頼を議論の対象としてきた．

ユーザーの側に対しては，「まずは信頼して使ってみる」ということから始めてもらう必要がある一方で，そのための敷居を下げることは製品をつくる側が配慮すべきことである．製品をつくる側から見た場合，「まずは信頼してもらう」ためには，例えば，使ってみたら失敗しやすいリスクの高い製品を最初からつくるのではなく，システム上失敗が起きにくい製品，機能の限定された製品から少しずつ世に出していくというアプローチがある．

5.2.2 運転支援システムの事例

先進安全自動車（ASV）プロジェクトを通じて売り出されている製品も，最初は機能を限定し，市場の様子を見つつ，徐々に機能を高めていくというプロセスで進められている．すでに述べたように，衝突被害軽減ブレーキをまず世に出し，その後に衝突回避ブレーキを世に出したというのもその一例である．

衝突被害軽減ブレーキは，もともと他車との衝突を前提としているので，システムにとっての失敗が起こりにくいものであった．また，ACCについても，最初は高速度域（概ね時速50km程度以上）限定から始まり，そこから低速度領域における車間維持機能をつけたり，停止機能までつけたり，全車速域をつなぎ目なく制御する全車速域ACCとしたり，あるいは他車との通信を前提とするものに発展するといった歴史をたどっている．

このように段階を経て商品化を進めていくというアプローチは，

ヒューマンインタフェースの設計に必要以上に制約を与えてしまいかねないリスクがある．新しいシステムを設計する際，以前に設計したものと整合したものでないと，以前からのユーザーが新しいシステムにスムーズに移行することが難しくなるからである．しかし，自動運転などを視野に入れた場合，「完成形」の実現を待つには 10 ～ 20 年を要することも珍しくないことから，徐々に製品化を進めていくというアプローチは必然であるともいえる．

機械が失敗する可能性をできるだけ低く抑えるために，場面を限定するなどして使ってもらうこともある．ACC の場合，初期のレーザーレーダーを使って先行車を認識するタイプでは，雨や霧などの条件下で先行車を正確に認識することが困難であった．レーザー光が水滴で散乱してしまうからである．このため，少なくとも一部の製品では，ワイパーを作動させると ACC が制御を停止するというロジックを組み込んでいた例もある．

製品に対する説明がどのようになされるかも重要な要因であると考えられる．製品を利用することのメリット，利点を伝えるとともに，その製品の目的，その目的を達成するための方法，特にどういう部分に限界があるかを明確に伝えることで，「それなら使ってみてよさそうだ」というイメージをもたせることが重要である．

5.2.3　日常生活における応用

使う側，使われる側のいずれの立場でも，信頼関係を構築するためには，まず簡単なところから始めてみるということが望ましい．簡単なところで，きっちりと仕事を仕上げてみせることが，信頼を獲得するきっかけとなる．若い社員がごく簡単な仕事しか与えられずに不満を感じるということはよくあることだが，そこで腐ってはならない．その簡単な仕事でミスなくきっちりと対応するということが将来のステップアップ

のために有用だからである．これを若い人は認識しておくべきである．
　若い社員を使う側の人間の視点から見れば，「信頼できずとも，とにもかくにも使ってみる」ことが重要である．使ってみると意外に使えることも珍しくないし，5.1 節で述べたように，使ってみることで期待に応えようと努力して能力を伸ばしてくることもある．当初思いもしなかった使い道を発見することもある．

5.3　本当の誠意を，理解してもらえるように周囲に示し続ける

5.3.1　本当の誠意をもつことの重要性
　機械や組織が大きな失敗をしたとしても，その後の対処が適切な場合には信頼を損なわないこともある．これには，リスクの社会的増幅の波及効果が大きくならないケースが該当しよう．
　では，どのような場合に波及効果が大きくならずに済むのであろうか．
　これまでに起きた不祥事への対応事例を見ると，仮に不祥事を起こしても，その後の対応が適切であれば，信頼を損なわないばかりか，かえって信頼が増すこともある．例えば，外食産業のサイゼリヤは，自主検査で冷凍ピザ生地の一部からメラミンが検出されたことを受け，直ちにピザの販売を中止し，保健所に連絡するとともに全店に謝罪の張り紙を掲示して，さらに 3 日後に社長自ら記者会見を開いて原因と対策を説明することで，信頼喪失を免れることに成功したといわれている(呉, 2011)．

5.3.2　コメット機連続墜落事故に見る誠意の示し方
　本節の趣旨は，「誠意がないところに誠意があるように見せかける」という意味では当然ありえず，「誠意をもって対応することを前提とし

て，それが表に見える形で行うことが必要だ」ということである．

4.1.7項でも扱ったが，ジェット旅客機の黎明期に起きたデハビラント社のコメット機の連続墜落事故(1954)をもう一度考えてみよう．事故の詳細は，例えばJob(1994)や中尾(2005)などを参考にされたい．

コメットは，世界で初の商用ジェット機であった．1952年に就航して2年のうちに3度も事故が発生したことを受けて，当時のチャーチル首相が号令をかけ，徹底的な事故調査を行った．例えば，地中海に沈んだ機体を回収したり，事故機と同型機を巨大な水槽に入れて与圧試験を繰り返すなどである．

実験の結果，窓枠の角付近など，応力の集中するところからクラックが進展し，機体が大きく破壊されることが突き止められた．回収した事故機からも，同種の破壊が確認されるなどして，最終的に事故の原因が突き止められた．事故の原因は，飛行の繰返しに伴う疲労破壊であった．上空では，気圧が低いため客室内を与圧する．その結果，機体は風船のように膨らむ．地上に戻ると客室内外の気圧が等しくなるので，膨らんだ機体がしぼむことになる．こうして，「膨らむ」「しぼむ」を繰り返すことで窓枠角のあたりにクラックが発生し，それが進展して壊滅的な破壊につながった．

レシプロエンジンの時代には低高度を飛んでいたが，ジェットエンジンを搭載し高速化することで与圧が必要な高高度を飛行できるようになった．この事故はそうした変化のなかで起きた出来事であった．コメット機を開発していた当時，「与圧を繰り返すことで生じるごく小さなクラックが機体を破壊せしめる」ことはほとんど知られていなかった．

コメット機の一連の事故は不幸なことであったが，その後の英国政府の対応で事故原因が明確となり，旅客機の安全性向上に大きく貢献した．

コメット機の客室内の写真を見ると，窓が大きいのがわかる．事故原因が解明されたことを受け，今日の旅客機では，クラックが発生しない

ように窓枠の角を大きく丸ませるようにしたほか，窓枠をより細くするようになった．こうした一連の取組みにより，民間航空に対する信頼が大きく損なわれることはなかった．

5.3.3 日常生活における応用

短期的な利益に捉われすぎることなく，中長期的な観点から取り組むべき課題をはっきりさせ，その課題にしっかりと取り組むことが必要である．それこそが本当の意味で誠意となる．

大型の研究プロジェクトなどで，「不誠実だ」といいたくなるような対応をしているケースを見ることがある．彼らは彼らなりに一生懸命やっているのだろうが，その姿が誠実には見えない．その主たる理由は，価値観の相違であるように思える．「研究成果としてよいものを出すことを主要価値とする」か，「報告書の形式を整えて文句がつけられないようにすることを主要価値とするか」が異なるのである．

誠意が見えるようにするということは，相手との価値観に相違があったとしたら，その価値観とすり合わせる努力をすることに他ならない．

5.4　相手の価値観を共有しようと努力する

5.4.1　他者に「寄り添う」ことで「主要価値」を共有する

災害時，専門家が避難を働きかけても地域住民が必ずしも避難をしたがらないことが多くの災害事例で報告されている．

避難すべきだと専門家がいっているにもかかわらず，住民が避難しない理由として，片田(2007)は専門家と住民との価値観の違いを指摘している．その違いを以下解説する．

豪雨で川が増水し，周辺住民が避難しなければならない状況を考えた場合，その価値観の違いは以下のようになる．

- 専門家：人的被害の最小化が目的．避難して当たり前．
- 地域住民（お年寄りの場合）：生き残っても後の暮らしがつらいだけ．昔からじいさんと住んできた家で死にたい．避難所で他人の厄介になりたくない．

上記の価値観をもつ住民にとっては，避難をしないというのが「合理的」な意思決定である．これに対し，片田（2007）は，専門家が地域住民に「寄り添う」ことの重要性を指摘し，異なる判断尺度を提示することを指摘している．例えば，避難しないお年寄りに、仲の良い近所の人を意識させるというものである．以下にその会話例を挙げてみる．

「ばあちゃんが逃げないと，ばあちゃん残して近所のお友達も逃げられないよ．お友達まで犠牲になっちゃうよ」

あるいは，同居していない息子（もしいれば）を意識させるということもありうる．

「ばあちゃん，土に埋もれて死んだら，東京にいる息子さんがきっと悔やむよ」

こうした働きかけによって，「避難をしよう」と判断する人が増えるという．これは，主要価値（Salient Value）をすり合わせるアプローチであるといえる．

5.4.2 主要価値を共有する意味

主要価値類似性モデルは，「信頼を支えるのは主要価値である」と主張していた．主要価値が同じであると考えられる相手の場合，その相手の意図（誠意）や能力を高めに評価するという傾向すら見ることができることもある．

以上のことから考えると，顧客の信頼を得るために必要なことは，顧客の主要価値を知り，自らの主要価値もそこに合わせ，それに即した製品開発を行っていくこと，また，そのような姿勢を対外的に示していく

ことである．これは，「マーケットイン」の思想に通ずるものがあるように思われる．マーケットインは，顧客が求めているものが何かを知り，それに合わせて製品をつくっていくことを志向する．マーケットインの考え方が，品質管理で重要な貢献をすることはいうまでもない．

5.4.3 マーケットインを誤ることの弊害としての画一化

　マーケットインの思想は品質管理において重要であるが，その考え方の適用においては注意が必要である．顧客が望んでいるモノをつくり，販売するということ自体はよいことであるが，それが高じて，「売れるモノだけを売る」ということが進みすぎるのは必ずしも好ましいことばかりではない．

　売れるモノというのは，「大多数の人に買ってもらえるモノ」ということである．その陰には，ごく少数の人には買ってもらえるが，大多数の人にはなぜかかってもらえないモノがある．

　筆者の個人的経験でも，せっかく気に入った商品があるのに，全体的には売れ行きが悪いせいか，いつの間にか棚からその商品が消えていたということが何度もある．筆者は，自他ともに認めるひねくれ者であり，世の中の大多数の人々の好むところはあまり好まないので，筆者の好むモノがすぐに消えていくことはある程度やむを得ないとは思っている．しかし，この問題は，単に筆者の個人的な問題には止まらない．

　今日のようにビジネスのスピードが極めて速い社会においては，売れることが見極められた瞬間にそこへリソースが大量投入され，世の中を席巻していく．ほんの少しだけ優位に立った側が，圧倒的な勝利を収める．その結果として，消費者の側からすると，別にそこまで信奉しているわけでもないモノであっても，「他に選択肢がないのでそれを選ばざるを得ない」というようなことが起こっている．筆者には，どこへ行っても同じようなショッピングモール，同じようなお店，同じような商品

を見かけるような気がしてならない．こうした画一化の現象は，マーケットインが必ずしも適切ではない方向に振れ過ぎた結果であるように思える．

　多数の人に有益な画一化は，それを好まない少数派を結果的に阻害する．極端な言い方をすれば，功利主義と同じ弊害をもつ．すなわち，大多数の人々の幸せのために，少数派の犠牲を強いてしまうのである．

　実際には，あまり知られていないけれども優れた商品，サービスが世の中には数多くある．そういったものの存在が，世の中を面白くするタネである．最近では，あまり知られていないことを逆手に取った広告も見られるほか，特殊性をウリにしたサービスや製品も見られるようになった．そういう動きは歓迎したい．「ビブリオバトル」が広く普及したのは，「いつでも，どこでも，だれとでも」とは真逆の「いまだけ，ここだけ，ぼくらだけ」の体験が重要な価値をもたらすことによるものであるといえる．

5.4.4　画一化できない特殊なニーズを結びつける可能性

　画一化と対照的なのが，ネット通販の世界である．楽天の森(2014)はロングテールに着目することの重要性を指摘している．

　ロングテールとは，データの分布における長いすそ野を指すが，ここでは，「まれな現象」，通販に関していえば，「ごく特殊な需要，ごく特殊な商品」を指すと考えればよい．例えば，甲冑，城というような，誰が買うのか想像しにくいようなものが例として挙げられている．こうした，特殊なニーズ，特殊な商品であっても，日本全体，あるいは世界全体を見渡せば，それなりの数の需要があり，商売が成立する．

　例えば1万人に一人しか買いたいと思わないような商品であっても，日本全体では，1.2万人くらいは需要があるということになる．100万人に一人だとしても，120人くらいは存在するという計算となる．旧来

のやり方では，100万人に一人しかニーズをもっている人がいない場合，とてもそれをビジネスとして成立させることはできないだろうけれども，ネット通販の世界であれば，それが十分に可能である．

上記とは，まったく逆に，自らの主要価値を訴え，顧客の主要価値を自分たちのそれに近づくように誘う方法も考えられる．

5.4.5 日常生活における応用

5.3節で述べたように，主要価値をすり合わせることが，相手に誠意を見せることにつながると考えられる．そのために，まずは価値観の違いを明確に認識することが重要である．そのうえで，価値観をすり合わせる努力が求められる．

研究プロジェクトでの価値観の相違は，事務方と研究者との間で顕著になりやすい．事務方は，多くの場合，研究の内容自体には興味がない．「その研究プロジェクトが計画どおりに進められているか」「研究遂行に当たって不正が行われていないか」ということに興味が集中する．もちろん，事務方が形式を重視するのにはそれなりの理由があるので，研究成果が出さえすれば研究者が何をやってもよいというわけではない．研究プロジェクトを効率的に遂行していくためには，事務方のサポートは不可欠で，価値観のすり合わせは必須である．どちらがどちらかに完全に合わせるということではない．

価値観の違いをどう乗り越えるかは難題である．ドライにいえば，価値観の違う相手とは無理に付き合わなくてもよいが，仕事上の関係でどうしても付き合いをしなければならない場面もある．この場合，自分の価値観を変える覚悟が求められる．「郷に入っては郷に従え」である．

外国人留学生を見ていると，日本の風土になじめないケースがある．日本で合否判断がクリアでない場合が多いことが一つの理由となっている．例えば，奨学金の審査，就職活動中の採用審査の結果，不合格通知

が届いたとしよう．不合格通知は，たいてい「お祈りメール」でしかなく，「なぜその人がダメだったのか」についてのフィードバックはなされない．審査する側からすると，「総合的に判断」するので，「なぜだめだったのか」を簡潔に説明することはほぼ不可能なのではあるが，審査される側からすると，どう改善すればよいのかがわからず不満を感じる．日本以外の国では，このような場合，「なぜだめだったのか」を明確な理由で説明することが多い．不明確な不合格通知をもらって，その留学生は「不公平に扱われた」との不満を抱くこととなる．

この問題で，一方が全面的に価値観を変えることを要請してはうまくいかない．双方の歩み寄りが不可欠である．審査の側にとっては，さまざまな要因を考慮してきめ細かく総合的に判断するという部分は譲れない．だとすれば，せめて，どういう点に改善の余地があったのかを指摘することを検討すべきである．他方，審査される側にとっては，総合的な判断が必要であることを理解するべきである．企業における業務評価でも，同様の問題が生じているかどうか考えてみるべきである．

5.5 自身の魅力を感じてもらう

5.5.1 魅力をもたせる

すでに述べたように「信頼をさせすぎない」という配慮は必要だが，そればかりに注目しすぎてはならない．信頼されるためには，「信頼できそうだ」というもともとの魅力が重要である．魅力のないシステムはそもそも信頼されないからである．

実際，人間の機械に対する信頼の研究をしていると，実験参加者に対して実験を行った際に「機械が正しく動作していることはわかるが，その動作の仕方が気に入らない．だから信頼できない」という意味のコメントを聞くことがある．これは，「**信頼性は高いのだろうけれども，好**

きじゃないから信頼できない」という意味である．例えば，システムのブレーキが強すぎるとか，逆に弱すぎるといったような，いわば制御の「味付け」の部分の問題である．

　実験の目的は，「仕様どおり正確に動作するかどうか，それが人間にとって信頼に足るかどうか」を調べることであり，「味付け」の部分の良否を聞くことではない．しかし，「正確に作動するかどうか，それが信頼に値するかどうか」という意味で「信頼できるかどうか」を実験参加者に考えてもらおうと思っても，「個人的に好きか嫌いか」という感情が信頼感に影響を与えてしまうということが起こる．このことは，主要価値類似性が信頼感に影響を与えるということと整合する．5.6 節で述べるように，相手に適合させる，あるいはもっと積極的に相手に似せるというアプローチも有効である．

　その製品に対する魅力を感じるとか，自分がその製品を使うことがうれしい，楽しいという感覚をもつといったことが信頼感の土台になっている．そのため，製品の設計では，魅力をつくりこむことが信頼の確保のために必要である．

5.5.2　魅力と直観的操作

　「魅力的であるために何をすればよいのか」という問いに対する答えが簡単に出るようなら，誰も苦労はしない．筆者自身も魅力的であろうとしているが，それに成功しているわけではない．したがってこの点について十分なコメントができる立場にはない．

　しかし，それでもなお，一つだけ指摘をしておこう．そのために，スマートフォンがここまで普及した理由を考えてみる．それには，さまざまな理由が考えられるだろうが，そのうちの一つに，「操作をするときのストレスが既存の折りたたみ式のケータイと比べて著しく少なかったこと」が挙げられる．例えば写真を見ているとき，見たいところを拡大

5.5 自身の魅力を感じてもらう

(縮小)するために指でつまんで広げる(狭める)とか，次の写真を見るときに指で送るとか，直観的な操作によってストレスがかかりにくくなっている．

スマートフォンなどの発明品は，いってみれば「コロンブスの卵」である．このような直観的な操作ができる気持ちよさというのは，想像をはるかに超える効果をもたらした．

直観的であることについて，作家の井上(2011)は，芝居の脚本に関して次のように述べている．

「私は芝居も書いていますが，台詞はやまとことばでないとだめなんです．漢語では，お客さんの理解が一瞬遅れます．演劇の場合，時間はとまることなくずーっと進行していきますから，お客さんがちょっとでも考え込むと，その考え込んだあいだだけ，続く台詞が聞こえなくなります……漢語というのは，完璧にマスターしているようでも，0.01秒ぐらい，私たちの頭の中で何かが起きているんです．ですから，漢語が多すぎる芝居はつまらない，おもしろくないのです」．

「0.01秒くらい，頭の中で何が起きているか」については，厳密に検証されたわけではないが，漢語が何らかの引っ掛かりのようなものをもたらすことを井上は経験しているのであろう．井上の文学や演劇が社会から高く評価・支持されている理由の一つは，こういった細かい点への配慮なのではないか．

こういった配慮は，サイトウ(2007)のいう「ゲームニクス」に通じる．サイトウ(2007)は，ゲーム「スーパーマリオブラザーズ」において，どのように魅力がつくりこまれているかを詳細に示している．そこでの重要なポイントの一つが，「ゲームとは関係のない部分のストレスをできるだけ感じさせないようにする」ことである．

5.5.3 日常生活における応用

相手に何か作業をお願いしなければならない場合，作業を行うときにストレスなく作業ができるよう段取りをつけることは有効である．

筆者の場合，指導する学生の推薦文を書かなければならないことが少なくない．そこで困るのは，まだ配属されたばかりの学生がどんな人かもよくわからないのに，奨学金などの推薦文を書かざるを得ない状況があることである．このような場合，「私はこういう点が長所ですから，こういうことを推薦文に含めてください」といってくる学生だと，対応しやすい．「君の長所はどこだい？」とこちらから聞いたとき，「うーん，なんでしょうね，わかりません．あまりありません．部活もやってないし，バイトもやってないし，成績も普通だし……」などと答えてくる人は意外と多い．自分がどういう長所をもっているのかを理解できていないのである．5.1節で述べたことと矛盾するように見えるかもしれないが，自分の優れた点を探し，それを明確に認識しておくことは重要である．

5.6 相手の特徴を模倣してみる

5.6.1 個人への適合

機械やシステムの知能化が進み，人間の役割を代替できる分野も増えてきた．自動車の自動運転などは，まさにそうしたことが起こる最先端の領域である．自動車の自動運転をどうデザインすると信頼してもらえるかということについて，Verbeneほか(2015)は興味深い研究を行っている．

この研究では，"Bob"という名のエージェントのアバターがナビ画面上に提示され，運転支援を行う．Bobの実験は，実験参加者に似せた条件を設けた場合，似せていない条件を設けた場合の2パターンで行われ

た．

似せた条件を設けた場合は以下の3条件を設けた．
 ① 実験参加者の顔画像をもとに作成された，よく似た顔をもつ．
 ② 実験参加者の顔の動きに合わせて同じように動く．
 ③ 自動車の運転における3つの価値観，「快適さ」「エネルギー消費」「スピード」について実験参加者が抱く優先順位と同じ優先順位をもつ．

似せていない条件を設けた場合では，別の実験参加者の顔画像をもとに，アバターを作成し，顔の動きについても，他の実験参加者のデータをもとに再現されていた．また，価値観については，完全に逆転させた優先順位をもたせた．

実験参加者にはBobがいる条件下で，走行中にルート選択をしなければならない運転タスクを行わせる．価値観の取り方によって，Bobによるルート選択は異なる．「似ている条件」と「似ていない条件」と2パターンが設定されたなかで，Bobとの運転を経験させ，Bobへの信頼を評価させた．

実験の結果，実験参加者は，「似ている条件」のBobを自分に似ていると判定する傾向があり，Bobに対する信頼も比較的高いことが指摘されている．また，実験参加者がアバターを自分と似ていると受け止めている程度と，信頼のレベルとの間には有意な正の相関があることが確認されている．すなわち，主観的に似ている度合いが高いほど，より強く信頼する傾向があった．

これらの実験結果から，人は，アバターに対する信頼について，自分自身と似ている場合により強く信頼する傾向があることがうかがわれる．

この結果をどのように受け止めるかについては，さまざまな立場がありそうである．国民性や文化によっても，結果は大きく異なるようにも思われる．今回の実験は，オランダで行われているので，その影響は捨

てきれない．日本人を実験参加者とした場合には，もう少し異なる傾向になるかもしれないし，個人の特性(性別，年齢など)と関係する部分も大きい可能性がある．しかし，筆者の個人的な感覚としては，自分と似ている顔をもつシステムを信頼しようという気分にはならない(読者の皆さんはどうだろうか)．

5.6.2 自動車のブレーキ操作支援での事例

自動運転や警報システムの振る舞いや情報の提示タイミングについては，自身と同じか，あるいはまったく逆に早すぎたり遅すぎたりするかによって，ドライバーの受け入れ可能性が大きく異なりうることが他の実験などでも繰り返し示されてきている(Abe ほか，2008)．

これまでのいくつかの研究成果にもとづくと，ドライバー自身の操作タイミングよりも少し早目に安全型の制御が行われるほうが，より高い信頼を得る傾向があることが知られている(Abe ほか，2008；Takahashi & Kuroda, 2001)．いずれにしても，顔表情だけではなく，他の指標をうまく組み合わせることも必要かもしれない．

このことは，「自分」が平均的な人間であるという意識が根底にあるように思われる．すなわち，以下のようなロジックが働いているのではないだろうか．

自分はこのようにやっている．
↓
他の人も同じようにやるだろう．
↓
自分のようにふるまわないシステムはおかしい．

相手の操作タイミングよりも少し早く行動したほうが相手に信頼され

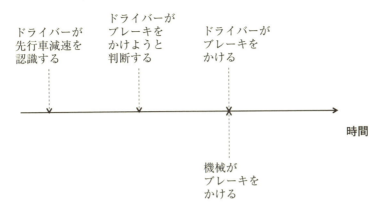

図 5.5　機械の動作と人間の認知

やすい理由は，判断のタイミングと，行動のタイミングのずれによるものであると思われる．このとき，人間の情報処理は，「情報の獲得 ⇒ 状況の理解 ⇒ 行為選択 ⇒ 行為実行」の順で進むと解釈される（Parasuraman ほか，2000）．

例えば自動車を運転していて，あるタイミングでブレーキを掛けようとしたとする．ブレーキを掛けようと判断（行為選択）した時刻と，行為実行が開始される時刻との間には若干の時間幅がある（場合によるが，大きい場合には1秒くらいの差があることもある）．

したがって，機械がまったく人間と同じタイミングでブレーキをかけ始めると，機械のブレーキを認知した瞬間は，人間がブレーキをかけると判断した時刻から遅れている（図 5.5）．人間がブレーキを掛けようと判断する時刻に機械がブレーキをかければ，人間の印象としてはちょうどよいことになる．このことにより，人間のブレーキタイミングよりも少し早いところで機械がブレーキをかけることがよいことになる．

5.6.3　日常生活における応用

何かの仕事を相手の代わりに行うような場合，相手が普段行っている

やり方に即して行うことができるなら，そのようにしてみるとよい．その際，その人がやっているよりもちょっと早いタイミング，ちょっとよい具合にやってみると効果的であろう．一歩早めに行動を起こすとよい．そのような行動を見ると，相手の人に「おっ，わかってるな」と思ってもらえる．

　小さいころ誰しも経験があることだろうと思われるが，「そろそろ勉強しようかな」と思い始めたタイミングで，親から「早く勉強しなさいよ」と言われることがある．「そろそろやるべきときだ」と感じるタイミングが同じであるところが問題である．親から見たときに「そろそろやるべきだ」と思うタイミングで子供の行動が始まっていると，親としては安心できるわけである．

あとがき

　本書では，ユーザーや社会に信頼される製品をつくるために，品質技術者の皆様に知ってもらえると役に立つことを書いてみた．

　品質管理に関連する書は数多くある．それらの書と差異を明確にするために，本書では品質管理学や品質工学に立脚しないという異例のアプローチをとることにした．これは，筆者の本当の専門（昼の仕事）が，品質管理学とはとても呼ぶことのできないものというのが実際の理由だが，品質管理学がさらに発展するためには一度枠組みを壊して再構築する必要性があると感じていることにも理由の一つである．

　こうして一通り書き上げることによって，筆者にとっては，研究課題が明確になったところも随所に見られた．本書によって最も恩恵を受けるのは，筆者ではないかという気さえする．

　しかし，当初の目論見が十分に達成できたとはいえない．最後までお付き合いいただいた読者の皆様には申し訳なく思うが，一つでも二つもどこかに参考となるところがあれば，筆者にとってはこのうえない喜びである．

参 考 文 献

Abe, G., and M. Itoh (2008): "How Drivers Respond to Alarms Adapted to Their Braking Behaviour," *Journal of Mechanical Systems for Transportation and Logistics*, Vol.1, No.3, pp.331-342.

Akerlof, G. A. (1970): "The market for lemons: Quality uncertainty and the market mechanism," *The quarterly journal of economics*, pp.488-500.

Anderson, D. and S. Eberhardt (1999): "How Airplanes Fly: A Physical Description of Lift," *Sport Aviation*.

Barber, B. (1983): *The Logic and Limits of Trust, New Brunswick, NJ*, Rutgers University Press.

Checkoway, S., D. McCoy, B. Kantor, D. Anderson, H. Shacham, S. Savage, T. Stephen, K. Koscher, G. Cvetkovich and K. Nakayachi (2007): "Trust in a high - concern risk controversy: A comparison of three concepts," *Journal of Risk Research*, Vol.10, No.2, pp.223-237.

Czeskis, A., F. Roesner and T. Kohno (2011): "Comprehensive Experimental Analyses of Automotive Attack Surfaces," In USENIX Security Symposium.

Earle, T.C., and G. Cvetkovich (1995): *Social Trust: Toward a Cosmopolitan Society, Westport, CT*, Praeger Press.

Fukuyama, F. (1995): *Trust - the social virtues and the creation of prosperity*, The Free Press

Greenberg, A. (2015): Hackers Remotely kill a Jeep on the Highway – With Me in It, Wired (http://www.wired.com/2015/07/hackers-remotely-kill-jeep-highway/)

Grisar, H. (1917): *Luther (Vol. 6)*, B. Herder.

Inbar, O., and J. Meyer (2015): "Manners Matter: Trust in Robotic Peacekeepers," *Proceedings of the Human Factors and Ergonomics Society Annual Meeting*, Vol.59, No.1, pp.185-189.

Itoh, M., G. Abe and K. Tanaka (1999): "Trust in and use of automation: Their dependence on occurrence patterns of malfunctions. In Systems," *Man, and Cybernetics, 1999. IEEE SMC'99 Conference Proceedings*, Vol.3, pp.715-720, 1999 IEEE International Conference on. IEEE.

Itoh, M. (2000): "Managing the Risks of Reputational Disasters in Japan: Theoretical Basis and Need for Information Volunteers," *Proceedings of*

5th International Conference on Probabilistic Safety Assessment and Management, pp.1641-1646.

Itoh, M., and K. Tanaka (2000): "Mathematical modeling of trust in automation: Trust, distrust, and mistrust," *In Proceedings of the Human Factors and Ergonomics Society Annual Meeting*, Vol.44, No.1, pp.9-12, SAGE Publications.

Itoh, M., and T. Inagaki (2004): "A microworld approach to identifying issues of human-automation systems design for supporting operator's situation awareness," *International Journal of Human-Computer Interaction*, Vol.17, No.1, pp.3-24.

Itoh, M., and T. Inagaki (2014): "Design and Evaluation of Steering Protection for Avoiding Collisions during a Lane-Change," *Ergonomics*, Vol.57, No.3, pp.361-373.

Itoh, M., H. Tanaka and T. Inagaki (2015): "Toward Trustworthy Haptic Assistance System for Emergency Avoidance of Collision with Pedestrian," *Journal of Human-Robot Interaction*, Vol. 4, No.3, pp.4-18.

Job, M. (1994): "Air Disaster," 1, Motorbooks Intl.

Jones, K. S. and E. A. Schmidlin (2011): "Human-Robot Interaction: Toward usable personal service Robots," *Reviews of Human Factors and Ergonomics*, Vol.7, No.1, pp.100-148.

Johnson-George, C., and W. C. Swap (1982): "Measurement of specific interpersonal trust: Construction and validation of a scale to assess trust in a specific other," *Journal of Personality and Social Psychology*, Vol.43, No.6, p.1306.

Lee, J., and N. Moray (1992): "Trust, control strategies and allocation of function in human-machine systems," *Ergonomics*, Vol.35, No.10, pp. 1243-1270.

Lee, J. D., and N. Moray (1994): "Trust, self-confidence, and operator's adaptation to automation," *International journal of human-computer studies*, Vol.40, No.1, pp.153-184.

Lee, J. D., and K. A. See (2004): "Trust in automation: Designing for appropriate reliance," *Human Factors: The Journal of the Human Factors and Ergonomics Society*, Vol.46, No.1, pp.50-80.

Meyer, J. (2001): "Effects of warning validity and proximity on responses to warnings," *Human Factors*, Vol.43, pp.563-572.

Moray, N., T. Inagaki and M. Itoh (2000): "Adaptive automation, trust, and self-confidence in fault management of time-critical tasks," *Journal of*

Experimental Psychology, Vol.6, No.1, p.44.

Muir, B. M. (1987)："Trust between humans and machines, and the design of decision aids," *International Journal of Man-Machine Studies*, Vol.27, No.5, pp.527-539.

Muir, B. M. (1994)："Trust in automation：Part I. Theoretical issues in the study of trust and human intervention in automated systems," *Ergonomics*, Vol.37, No.11, pp.1905-1922.

Muir, B. M., and N. Moray (1996)："Trust in automation. Part II. Experimental studies of trust and human intervention in a process control simulation," *Ergonomics*, Vol.39, No.3, pp.429-460.

NASA：*Incorrect Theory #1*（http://www.grc.nasa.gov/WWW/k-12/airplane/）

Nass, B., and C. Nass (1996)：*The Media Equation – How People Treat Computers, Televisions, and New Media Like Real People and Places, New York, NY*, Cambridge University Press.

Pan, Y., M. Hirokawa and K. Suzuki (2015)："Measureing K-degree facial interaction between robot and children with autism spectrum disorders," *Proceedings of the 24th IEEE international symposium on robot and human interactive communication*, pp.48-53.

Parasuraman, R., and V. Riley (1997)："Humans and automation: Use, misuse, disuse, abuse," *Human Factors：The Journal of the Human Factors and Ergonomics Society*, Vol.39, No.2, pp.230-253.

Parasuraman, R., T. Sheridan, and C. Wickens (2000)："A Model for Types and Levels of Human Interaction with Automation," *IEEE Transaction on Systems, Man, and Cybernetics*, Vol. 30, No.3, pp.286–297.

Pidgeon, N., R. E. Kasperson and P. Slovic (2003)：*The Social Amplification of Risk*, Cambridge University Press.

Pop, V. L., A. Shrewsbury and F. T. Durso (2015)："Individual differences in the calibration of trust in automation," *Human Factors*, Vol.57, No.4, pp.545-556.

Rempel, J. K., J. G. Holmes and M. P. Zanna (1985)："Trust in close relationships," *Journal of personality and social psychology*, Vol.49, No.1, p.95.

Rotter, J. B. (1967)："A new scale for the measurement of interpersonal trust," *Journal of Personality*, No.35, pp.1-7.

Rousseau, D. M., S. B. Sitkin, R. S. Burt and C. Camerer (1998)："Not so different after all：A cross-discipline view of trust.," *Academy of management review*, Vol.23, No.3, pp.393-404.

Sheridan, T. (1992): *Telerobotics, Automation, and Human Supervisory Control*, MIT Press.

Singh, I.L., R. Molloy and R. Parasuraman (1993): "Automation-induced complacency : Development of the complacency-potential rating scale," *The International Journal of Aviation Psychology*, Vol.3, No.2, pp.111-122.

Takahashi, H. and K. Kuroda (2001): "A study on the operation timing of automated assistance system for taking driver's manual operation timing into account," *IEEE Intelligent Vehicle symposium 2001*.

Tversky, A. and D. Kahneman (1973): "Availability : A Heuristic for Judging Frequency and Probability," *Cognitive Psychology*, Vol. 5, pp. 207-232.

Verberne, F.M., J. Ham and C.J.H. Midden (2015): "Trusting a virtual driver that looks, acts, and thinks like you," *Human Factors*, Vol.57, No.5, pp.895-909.

Wada, T., and T. Takeuchi (2008): "A training system for EMG prosthetic hand in virtual environment," *Proceedings of the Human Factors and Ergonomics Society 52nd annual meeting*, pp.2112-2116.

朝日新聞(1992):「エアバッグに苦情　事故時に開かぬ例も」(大阪), 1992年4月14日.

朝日新聞(1997):「正面衝突にエアバッグ開かず　重傷男性, メーカー提訴」(山口西部), 1997年5月10日.

アクセルロッド, R.(1998):『つきあい方の科学』, 松田裕之 訳, ミネルヴァ書房.

アスリーヌ, M.(1995):『エアバス A320は, なぜ墜ちたか』, 花上克己 訳, 講談社.

安部原也, 伊藤誠, 田中健次(2000):「自動化システムに対する信頼感の推移：誤動作発生パターンへの依存性」,『計測自動制御学会論文集』, Vol.36, No.12, pp.1138-1144.

安部原也, 伊藤誠, 田中健次(2006):「誤警報および不警報が前方衝突警報システムに対するドライバの信頼と運転行動に与える影響」,『ヒューマンインタフェース学会論文誌』, Vol.8, No.4, pp.565-571.

天貝由美子(2001):『信頼感の発達心理学』, 新曜社.

新井邦二郎, 宮腰養, 後藤かつ(1995):「幼児の主体性の教師評定尺度の作成(2)」,『筑波大学心理学研究』, Vol.17, pp.67-88.

井上ひさし(2011):『日本語教室』(新潮新書), 新潮社.

伊藤誠(2007):「風評被害における報道・情報への接触とリスク認知」,『日本リスク研究学会誌』, Vol.17, No.1, pp.31-38.

伊藤誠(2008):「状況認識の強化と ACC 機能限界の理解支援のための減速度表示」,

『計測自動制御学会論文集』，Vol.44, No.11, pp.863-870.
伊藤誠(2009)：「負荷軽減のための運転支援システムに対する過信をもたらす要因の探究」，『計測自動制御学会論文集』，Vol.45, No.11, pp.555-561.
伊藤誠(2013)：「震災に対する事前リスク想定成功事例から学ぶ未然防止の知恵」，『品質』，Vol.43, No.4, pp.436-441.
伊藤誠，丸茂喜高 編著(2015)：『交通事故低減のための自動車の追突防止支援技術』，コロナ社．
伊藤誠，稲垣敏之，Neville Moray(1999)：「システム安全制御の状況適応的自動化と人間の信頼」，『計測自動制御学会論文集』，Vol.35, No.7, pp.943-950.
伊藤誠，稲橋広将，田中健次(2003)：「自動化システムの限界とその根拠の情報不足による過信」，『ヒューマンインタフェース学会論文誌』，Vol.5, No.2, pp.283-290.
石黒謙吾(2001)：『盲導犬クイールの一生』，文藝春秋．
稲垣敏之(2012)：『人と機械の共生のデザイン』，森北出版．
エリクソン，E. H.(1973)：『自我同一性』(人間科学叢書)，小此木啓吾 訳編，誠信書房．
大槻修平(2011)：「「リスクの社会的増幅フレームワーク」の発展過程と新たな視点」，『日本経営倫理学会誌』，Vol.18, pp.27-39.
帯金充利(2003)：『天上の歌』，新泉社．
海外PL保険110番：「エアバッグに関するPL訴訟で，第2審が被告勝訴の1審判決を破棄する」(http://kpl110.com/2011/07/post-30.html)
片田敏孝(2007)：「確実に避難するための情報戦略：確実な避難に向けた情報課題」，『土木学会誌』，Vol.92, No.7, pp.36-37.
狩野紀昭，瀬楽信彦，高橋文夫，辻新一(1984)：「魅力的品質と当り前品質」，『品質』，Vol.14, No.2, pp.147-156.
唐木英明(2004)：「安全の費用」，『安全医学』，Vol.1, No.1, pp. 30-34.
菊池孝文，熊谷良雄(2001)：「JCO臨界事故が農作物出荷先の単価に及ぼした影響に関する研究」，『地域安全学会梗概集』，Vol.11, No.14, pp.11-14.
木田元(2010)：『反哲学入門』(新潮文庫)，p.153，新潮社．
木村紀八郎(2010)：『大村益次郎伝』，鳥影社．
ギロビッチ，T.(1993)：『人間　この信じやすきもの—迷信・誤信はどうして生まれるか』，守一雄，守秀子 訳，新曜社．
呉琢磨(2011)：「よもやの不祥事で断行した「顧客の信頼」回復策－サイゼリヤ」，『プレジデント』，2011年5月30日号.
経済産業省(2010)：「総合資源エネルギー調査会　基本政策分科会電力需給検

証小委員会　第 8 回会合　資料 3」(http://www.meti.go.jp/committee/sougouenergy/kihonseisaku/denryoku_jukyu/pdf/008_03_00.pdf)

交通事故総合分析センター(1997)：『交通事故実態から見たエアバッグ車の事故に関する分析(平成 7 年交通事故統合データによる分析)』，交通事故総合分析センター．

国土交通省(2007)：「第 3 期先進安全自動車(ASV)推進計画成果報告会資料」(http://www.mlit.go.jp/jidosha/anzen/01asv/resourse/data/asv3_j.pdf)

サイトウ・アキヒロ(2007)：『ゲームニクスとは何か』(幻冬舎新書)，幻冬舎．

島倉大輔，田中健次(2003)：「人間による防護の多重化の有効性」，『品質』，Vol.33, No.3, pp.372-380.

鈴木和幸(2004)：『未然防止の原理とそのシステム』，日科技連出版社．

鈴木和幸(2013)：『信頼性・安全性の確保と未然防止』(JSQC 選書)，日本品質管理学会 監修，日本規格協会．

関谷直也(2009)：「風評被害の心理」，『防災の心理学』，仁平義明 編，東信堂．

ソロモン，R.C.，フロレス，F.(2004)：『「信頼」の研究』，上野正安 訳，シュプリンガー・フェアラーク東京．

高江康彦，稲垣敏之，伊藤誠，Neville Moray(2000)：「航空機の離陸安全のための人間と自動化システムの協調」，『ヒューマンインタフェース学会論文誌』，Vol.2, No.3, pp.217-222.

高瀬正仁(2008)：『岡潔』(岩波新書)，岩波書店．

田中啓人，伊藤誠，稲垣敏之(2010)：「歩行者回避におけるドライバのヒューマンエラー(自動車の安全運転支援とヒューマンファクター)」，『電子情報通信学会技術研究報告』．

田中健次(2008)：『入門　信頼性』，日科技連出版社．

田中文英(2013)：「子どもとロボットのインタラクションにおけるエージェンシー」，『日本ロボット学会誌』，Vol.31, No.9, pp.858-859.

田辺文也，山口勇吉(2001)：「JCO 臨界事故に係わる生産システムと工程の特性の分析」，『ATOMOΣ』，Vol.43, No.1, pp.48-51.

手塚洋輔(2006)：「BSE 問題におけるリスク認識と事前対応―制度組織型リスクの増幅と減衰という観点から(特集 政策の総合調整)」，『公共政策研究』，Vol.6, pp.102-112.

東北電力 Web ページ：「2011 年　CSR レポート」，p.7 の写真(http://www.tohoku-epco.co.jp/csrreport/backnumber/csr2011/pdf/now2011_03-32.pdf) および「2011 年 7 月 8 日のプレスリリース」，p.5 のイラスト(http://www.tohoku-epco.co.jp/news/atom/__icsFiles/afieldfile/2011/07/08/11070801_lec.pdf)

トヨタリコール問題取材班 編(2010)：「第6章　視点：識者10人はリコール問題をこう見る」,『不具合連鎖─「プリウス」リコールからの警鐘─』, 日経BP社.

永井庸次(2016)：「医療分野における規制・第三者評価とプロセス改善活動」,『品質』, Vol.46, No.1, pp.20-27.

中尾政之(2005)：『失敗百選』, 森北出版.

中條武志(2010)：『人に起因するトラブル・事故の未然防止とRCA』, 日本規格協会.

中谷内一也(2006)：『リスクのモノサシ』(NHKブックス), 日本放送出版協会.

中谷内一也, George Cvetkovich(2008)：「リスク管理機関への信頼：SVSモデルと伝統的信頼モデルの統合」,『社会心理学研究』, Vol.23, No.3, pp.259-268.

西岡大, 村山優子(2014)：「オンラインショッピング時のユーザ属性における情報セキュリティ技術に対する安心感の重要度の検証」,『マルチメディア, 分散, 協調とモバイルシンポジウム2014論文集』, pp.1506-1512.

日本経済新聞(2015)：「独VW, 日本で販売半減　排ガス不正の影響鮮明」, 2015年11月6日.

日本工業標準調査会(審議)(2000)：『JIS Z 8115：2000　デイペンダビリティ(信頼性)用語』, 日本規格協会.

フクヤマ, F.(1996)：『「信」無くば立たず』, 加藤寛 訳, 三笠書房.

真壁肇 編(2010)：『新版　信頼性工学入門』, 日本規格協会.

松井進(2004)：『わかる！　盲導犬のすべて』, 明石書店.

松田卓也(2011)：「飛行機はなぜ飛ぶのか─教科書は間違っている─」,『大学ジャーナル』, Vol. 93, 2011年6月号(http://djweb.jp/power/physics/physics_02.html).

松田卓也(2013)：「翼の揚力を巡る誤概念と都市伝説」,『基礎科学研究所』(http://jein.jp/jifs/scientific-topics/887-topic49.html).

森岡茂樹：「鳥の彫刻─日本の野鳥の飛翔姿─」(http://www.kyoto.zaq.ne.jp/morioka/supplement-02.html).

森正弥(2014)：「ロングテール時代における, サービスを高度化させるデータの活用」, 2014年度第30回FMESシンポジウムにおける発表(関連するトピックは, http://news.mynavi.jp/articles/2015/01/07/rakuten/ からも閲覧可能)

山岸俊男(1998)：『信頼の構造』, 東京大学出版会.

リーズン, J.(1999)：『組織事故』, 塩見弘 監訳, 日科技連出版社.

ルーマン, N.(1990)：『信頼─社会的な複雑性の縮減メカニズム』, 大庭健, 正村俊之 訳, 勁草書房.

和辻哲郎(1962)：『和辻哲郎全集』, 第10巻, pp.278-298, 岩波書店.

索　引

【英数字】

2年目のジンクス　113
3H　83
ABS　4
ACC　20, 57, 60, 97, 103
ASV　60
CAN　127
Controller Area Network　127
hot hand　113
Pasteurizer　72, 84
Scarlett　87
sports illustrated cover jinx　113
Visual Analog Scale　74

【あ行】

アダプティブクルーズコントロール
　　20, 57
当たり前品質　134
後知恵バイアス　113
アラーム疲労　68
安心　35
アンチロックブレーキシステム　4
意図に対する期待としての信頼　33
意図への信頼　48
エアバス A320 型機　98
エアバッグ　122
エールフランス 296 便　98
オオカミ少年効果　68
女川原発　1
思い込み　22

【か行】

確信　49, 51, 55
過信　10, 95
神　18
完全な信頼　105
機械　31
擬人化　24
基礎　61
　　――の次元　101
期待　17, 22
機能　119
基本的信頼　31
狂牛病　28, 43
ゲームニクス　153
ゲーム理論　36
欠報　67
検査　27
原子炉設置許可申請書　3
減速度メーター　137
高信頼者　39
個人への適合　154
誤報　67
コミュニケーションロボット　110
コメット　114, 145
コンプライアンス　67

【さ行】

サンタクロース　18
三平方の定理　18
視覚障がい者　26
次元　48

自工程完結　28
自身　92
システム　30
　　——への信頼　30
失速防止機能　98
しっぺ返し戦略　37
自動運転　124
自動武器検出器　100
自撮り機能　102
社会的コスト　4
社会的手抜き　12
囚人のジレンマ　36
主要価値類似性　43
使用期間　119
使用条件　119
衝突回避支援システム　89
衝突被害軽減ブレーキ　136, 142
情報の非対称性　29
信　17
新規制基準　7
信頼　15
信頼感　15, 31
　　——の主観評価　105
信頼性　15, 119
信頼度　11, 15
信頼と成長の相互作用　79
信頼のキャリブレーション　99
信頼の解き放ち理論　39
スマートフォン　102
生体アラーム　68
説得的コミュニケーション　44
先進安全自動車　60
全数検査　27
総合的な信頼　74

【た 行】

対人的信頼　31, 33
対人的信頼感尺度　33
確かな信頼　51
ダブルチェック　12
頼る　23
中古車　28
津波対策　2
提示タイミング　156
ディペンダビリティ　50
適切な信頼　13
東海村臨界事故　5
特定の他者に対する信頼　33
ドライビングシミュレーター　109

【な 行】

波に乗る　113
入手可能性ヒューリスティック　115
認知的不協和　46
能力　61
　　——に対する期待としての信頼　33
　　——の次元　101, 111
　　——への信頼　48

【は 行】

パーセンタイルスケジュール　79
波及効果　129
パスチャライゼーション　71
飛行機　26, 62
　　——事故　114
人への信頼　30
品質二元論　134
風評被害　5, 129
不確実さ　25

不信　　8, 95
　　——感　　5, 19
部品の受入れ　　27
プロテクション　　98
平均への回帰　　113
並列システム　　10
平和維持活動　　118
ベルヌーイの定理　　62
方法　　61
　　——の次元　　101, 107

【ま　行】

マイクロワールド　　72, 84, 87
見かけ倒し　　121
魅力的品質　　134
メンタルモデル　　17
盲信　　49, 51, 55, 95
盲導犬　　27
目的　　61

——の次元　　101, 117

【や　行】

抑止力に基づく信頼　　35
予測　　49, 55

【ら　行】

頼　　17
ランダム性　　112
利口な不服従　　27
リコール　　4
リスクコミュニケーション　　41
リスクの社会的増幅　　129
リッカートスケール　　84
リライアンス　　67
臨界安全境界　　81
臨界事故　　81, 96
レモン市場　　28
ロングテール　　149

著者紹介

伊藤　誠（いとう　まこと）
筑波大学システム情報系(情報工学域)教授．博士(工学)

1993年　筑波大学第三学群情報学類卒業．
1999年　博士(工学)（筑波大学）取得．
1996年　筑波大学電子・情報工学系助手．
1998年　電気通信大学助手．
2002年　筑波大学大学院システム情報工学研究科講師(リスク工学専攻)．
2008年　筑波大学大学院システム情報工学研究科准教授(リスク工学専攻)．
2013年　現職．

　主な研究分野は，人と機械の信頼，協調に関するヒューマンファクター，安全性，信頼性．

　主な著書は，『交通事故低減のための自動車の追突防止支援技術』(共著，コロナ社，2015)，『信頼性・安全性工学』(共著，オーム社，2009)．

品質・安全問題と信頼
―信頼を得るとき，信頼を失うとき―

2016年5月26日　第1刷発行

検印省略	著　者　伊藤　誠 発行人　田中　健 発行所　株式会社 日科技連出版社 〒151-0051　東京都渋谷区千駄ヶ谷 5-15-5 　　　　　DSビル 　　　　電　話　出版　03-5379-1244 　　　　　　　　営業　03-5379-1238 印刷・製本　株式会社中央美術研究所 URL　http://www.juse-p.co.jp/

Printed in Japan
© Makoto Itoh 2016
ISBN 978-4-8171-9586-9

本書の全部または一部を無断で複写複製(コピー)することは，著作権法上での例外を除き，禁じられています．